U0581860

杨 勇 ◎ 主编

现代柿产业
技术及典型案例

XIANDAI SHI CHANYE
JISHU JI DIANXING ANLI

中国农业出版社

北 京

图书在版编目（CIP）数据

现代柿产业技术及典型案例 / 杨勇主编. -- 北京：中国农业出版社，2025.8. -- (现代园艺产业高质量发展丛书). -- ISBN 978-7-109-33248-5

Ⅰ. S665.2

中国国家版本馆CIP数据核字第20258EA999号

中国农业出版社出版

地址：北京市朝阳区麦子店街18号楼

邮编：100125

策划编辑：郭晨茜

责任编辑：郭晨茜 李澳婷　　文字编辑：刘 玥

版式设计：王 晨　　责任校对：吴丽婷　　责任印制：王 宏

印刷：北京缤索印刷有限公司

版次：2025年8月第1版

印次：2025年8月北京第1次印刷

发行：新华书店北京发行所

开本：880mm×1230mm 1/32

印张：8.375

字数：200千字

定价：69.00元

编写人员名单

主 编丨杨 勇

参 编丨关长飞 王仁梓 阮小凤

目录

目　录

7

第一章 柿产业概述

第一节　世界柿发展概况与趋势

一、栽培柿在世界各国的分布

柿是柿属植物作为果树栽培的代表种，中国的中部山区是柿的起源中心和品种分布的主要中心，日本是第2中心。柿属植物有400多个种，生长在热带和亚热带环境中，大多数种类为常绿树种，但也有少数几个种是落叶果树，适合在温带生长。柿主要分布在中国、韩国和日本，仅在约150年前才开始在亚洲以外的国家有分布。柿的商品性栽培仅出现在南北纬45°范围内，如在巴西、阿塞拜疆、澳大利亚、意大利和西班牙等已形成产业规模，柿逐渐成为一种世界性的果树。除此之外，君迁子（*Diospyros. lotus* L.）、油柿（*D. oleifera* Cheng）、老鸦柿（*D. rhombifolia* Hemsl.）及美洲柿（*D. virginiana* L.）也是常见的栽培种，并可作为柿的砧木利用。在日本，南起鹿儿岛，北至青森县，都有柿树栽培，但甜柿对温度要求高，主要分布于爱知、岐阜、奈良、和歌山、冈山、香川、福冈等地。日本的柿子是从中国引入的，镰仓时代大体上有甜、涩柿子之分，到了德川时代有了品种的区分，明治末期，柿正式作为经济树种栽培。柿于1863年引入美国华盛顿州未能成功，1870年由日本引种到美国南部，现在佛罗里达、路易斯安那、加利福尼亚州有栽培，其他地方也有将柿作为庭园观赏树栽培的。近年来，移民将柿引种到巴西，栽培面积不断扩大。全世界每年大约从80.2万hm^2柿栽培面积上生产405.3万t柿果。主要生产国为中国、日本、巴西、韩国及意大利，以色列、美国、新西兰、澳大利亚、西班牙、埃及及智利也有一定产量。

二、世界柿主产国发展概况

据联合国粮食及农业组织（FAO）统计（2024年），2022年我国柿栽培面积和产量分别为975 301hm^2（占世界93.39%）和3 470 424t（占世界78.22%），均居世界首位。中、韩、日和巴西是柿的传统产区。最近，西班牙的产业规模增长较快，自2014年起，其年产量已经超过日本，位居世界主产国第3位。其他产区还有阿塞拜疆、乌兹别克斯坦、意大利、以色列、伊朗以及新西兰等。以长江为界，我国年产量排名前10的省份中，南北各占50%。另据农业部（现农业农村部）统计，2016年我国柿的年产量位居苹果、柑橘、梨、桃、葡萄、香蕉和红枣之后，排名第8位。但与先进国家和其他果树相比较，柿科学和产业技术研究起点均较低。

第二节　中国柿主产区柿产业发展概况

一、栽培模式和技术的创新发展

柿的名称最早见于《礼记·内则》，该书将其列为珍贵食品；另据司马相如《上林赋》记载，汉武帝时期有包括柿在内的果树栽植。因此，中国应是世界上柿树栽培历史最悠久的国家。近年来，柿的主产区有从传统的黄河流域向长江流域及其以南，以及向中西部扩展的趋势；国外的柿生产国以小到中等经济体居多，其中位于"一带一路"共建国家的较多。随着果品市场国际化和多样化趋势日益明显，柿产业将面临新的发展机遇。

1.甜柿将是柿产业发展的重点方向　甜柿（指完全甜柿）果

实成熟后不用任何人工处理即可脆食，改善了果实商品的鲜食体验，且方便贮运，是国内外柿产业重点发展的品种类型，也是世界范围内柿遗传改良的首要目标。我国是全球柿树栽培面积最大和年产量最多的国家，但传统产区仍以完全涩柿为主，目前正在推广真空包装和酒精处理等规模化脱涩技术。但人工脱涩花费人力、物力和财力，脱涩不完全的柿果不仅商品性降低，而且有诱发胃柿石（persimmon bezoars）的风险。因此，在进一步研究脱涩技术的同时，还要加快对非完全甜柿深加工技术的研发并加大推广力度，以期提升产业综合效益。以鲜食为目的的柿生产，将逐步转向以甜柿为主，且以具自主知识产权的品种为主。国内部分高校，如以华中农业大学园林学院，西北农林科技大学园艺学院暨国家柿种质资源圃为代表的研究团队，都在开展以完全甜柿为目标的柿的杂交育种工作，目前已经贮备了具有自主知识产权的完全甜柿品系，不久将会发布我国自主育成的完全甜柿新品种。

2. 广亲和砧木筛选和繁殖将是柿产业重点关注的问题　日本是世界上甜柿发展最早和遗传改良成就最大的国家。目前世界范围内的甜柿主栽品种均源自日本，但日本甜柿的土壤适应性较差，尤其是部分优质品种，如富有、太秋等，与我国传统产区习惯采用的砧木君迁子（$2n = 2x = 30$）嫁接亲和性较差，尤其是日益严重的后期不亲和现象已经成为柿产业面临的新问题。因此，选育具自主知识产权的且与君迁子嫁接亲和的中国甜柿新品种是我国柿产业可持续发展的希望所在。

我国在20世纪20年代就已引进富有等日本甜柿品种，但由于缺乏适宜砧木而未形成产业。日本是目前世界上甜柿品种及其配套砧木选育最成功的国家，其砧木除君迁子外，主要是用山柿（放任栽培或人工栽培种质）作本砧，因此嫁接亲和性问题不突出。我国柿产区的土壤条件普遍不及日本，因此通过砧木引进难以解决目前面临的砧穗亲和性问题。砧木除嫁接亲和性外，还须具有易繁殖、高产、优质和土壤适应性强等特点。为维持其农艺性状，可选用根蘖或萌蘖嫩枝扦插，或离体快繁等繁殖方式。我国南北方气候和土壤等条件差异极大，难以通过一种或少数几种砧木解决所有产区所有生产问题。但各地分布的地方品种及其近缘种较多，通过实地调查、亲缘关系预测和高接试验等途径有可能筛选出更多的候选砧木类型。

近年来，华中农业大学利用大别山区分布的小果甜柿作砧木，与富有系品种如早秋、新秋和太秋等嫁接，迄今尚未发现其与君迁子嫁接时常见的早期或后期不亲和现象。西北农林科技大学收集不同类型君迁子单株，并对其与富有的嫁接亲和性进行研究，已筛选出具广亲和特性的砧木类型，如君迁子938；同时，圃砧1号和圃砧2号也表现出较好的亲和性。另外，浙江、广西等地也陆续选育出适合南方生长的中子系列、亚林系列本砧品种。西北农林科技大学柿圃团队选育的完全甜柿杂交后代与传统采用的君迁子亲和力很好，因此有很好的发展前景，也会进一步推进品质更加优良、与君迁子亲和的系列化甜柿品种的选育工作，为柿产业的稳步发展壮大提供有力支撑。

3.栽培模式的创新为柿产业差异化发展提供多样化选择　柿树已经从过去认知中的自然生长状态逐步被作为地方的特色果树，和其他果树一样采用了园艺化的精细管理，作为取得高效益的一个产业来经营。园艺化的集约矮冠栽培在柿的生产中已被广泛接受和采用。集中连片，按一定的株行距，采用一定的树形，有一整套的栽培管理技术。

目前采用的模式因品种种类、地理条件、操作管理方式和生长阶段的不同而不同，随时需要根据不同条件而做出相应调整或改变。例如，涩柿品种生长速度和生长量比甜柿大，株行距要宽，水肥条件好的平地比雨养坡地株行距要宽，适于机械化耕作的行距要大，栽植初期可以株间加密栽植，到盛果期后再间伐株间的临时株。幼园先采取主干型树形，随着树龄的增长，可以依次调整为变则主干形、小冠疏层形，最后变为开心形。还可以直接采用Y形、连体形等极矮冠加密模式，节省人工管理成本。一些创新模式主要是以更简化高效的方式进行管理，从而达到节本增效的目的。

二、栽培规模及产量

我国柿子产量总体呈逐年增长态势。2014—2020年，我国柿子出口量及出口金额总体呈波动上涨态势。2019年我国柿子出口量为7.16万t，出口金额为1.27亿美元；2020年我国柿子出口量为10.08万t，出口金额为2.06亿美元。2014—2019年，我国柿子进口量及进口金额总体呈波动下降态势。2019年我国柿子进口量为38.80t，进口金额为20.62万美元；2020年我国柿子进口量为40.07t，进口金额为20.06万美元。

除黑龙江、吉林、内蒙古、宁夏、青海等省份外，其他省份或多或少都有柿树栽培，目前我国柿栽培较多的省份依次为广西、河北、河南、陕西、福建和山东。据FAO统计，2016—2022年我国的柿栽植面积和产量保持世界第一。2016—2022年，我国柿面积达90.55万~98.15万hm^2，柿产量达314.26万~421.64万t（表1-1）。其中，2017年我国柿面积和产量都最大，达98.15hm^{2}和421.64万t。2021年占世界面积比最高，为93.60%；2020年占世界产量比重最高，为79.21%。

表 1-1　2016—2022 年世界及中国柿面积和产量

年份	世界柿面积（万hm²）	中国柿面积（万hm²）	中国占世界面积比（%）	世界柿产量（万t）	中国柿产量（万t）	中国占世界产量比（%）
2016	103.00	93.88	91.15	543.02	398.90	73.46
2017	107.48	98.15	91.32	575.07	421.64	73.32
2018	97.46	90.55	92.91	439.24	314.26	71.55
2019	99.38	92.51	93.09	424.63	328.66	77.40
2020	100.78	94.05	93.32	423.05	335.08	79.21
2021	103.21	96.60	93.60	433.22	342.94	79.16
2022	104.43	97.53	93.39	443.67	347.04	78.22

第二章　柿优良品种

第一节　柿品种分类

全世界柿品种约有2 000个，其中中国和日本将同物异名品种合并后各约有800个品种，韩国、意大利、新西兰、巴西、美国等加在一起约有400个品种。这些品种在植物学特征或生物学特性上存在着各种差异，人们依照各自的观点将它们分类。中国古代依果实大小将柿分为大柿和小柿；依软熟后的颜色分为黄柿和红柿；以后品种渐多，又依果形分为长柿、圆柿、方柿和扁柿。现代主要的分类方法有下列几种。

一、根据用途分类

1.鲜食
（1）脆柿鲜食。分为不用脱涩处理的品种（包括所有完全甜柿和不完全甜柿品种）以及要脱涩处理的品种（如乾县火柿、社里黄、鸡心黄、新红柿等）两类。

（2）熟柿软食。如眉县牛心柿、火晶、火罐、大红柿、庆山盘柿、寺社、甲洲百目等。

2.加工　如富平尖柿、眉县牛心柿、博爱八月黄、橘蜜柿、大和、市田柿、堂上蜂屋、平核无等，用于加工柿饼。

3.作授粉树　如赤柿、禅寺丸、山柿等。

4.观赏　如黑柿、夫妇柿、馒头柿等。

二、根据果实形状分类

1.长柿　果实纵径大于横径。如椭圆形、卵圆形、圆锥形等。

2.圆柿　果实横断面呈圆形，纵横径近似。如圆形、馒头形、心脏形等。

3.扁柿　果实横径大于纵径。如扁圆形、扁方形等。

4.方柿　果实横断面近方形或有四棱，纵横径略相等。如四棱形、升底形、高方形等。

5.其他　除上述四种形状之外，都属这一类型。如重台形、五棱形、六棱形、八棱形等。

三、根据成熟期分类

1.极早熟品种　如七月早、七月鲜、三谷御所、赤柿。

2.早熟品种　如照天红、急柿、社里黄、西村早生、伊豆。

3.中早熟品种　如伏尖顶、圆冠红、盘柿、平核无、甲洲百目。

4.中熟品种　如眉县牛心柿、鸡心黄、八月黄、富平尖柿、次郎、阳丰。

5.中晚熟品种　如九月青、鬼脸青、花御所、富有、甘百目。

6.晚熟品种　如冻柿、元宵柿、骏河、藤原御所、横野。

7.极晚熟品种　如正月、爱宕、大和、宫崎无核。

四、根据单性结实力大小及核有无分类

1.有核品种　如火柿、富平尖柿等绝大多数涩柿和次郎、富有等甜柿。

2.无核品种　如无核大黄柿、平核无、宫崎无核。

五、根据树势强弱和树冠大小分类

1.高大　如磨盘柿、眉县牛心柿、富平尖柿、西条、大和、平核无等。

2.中庸　如次郎、富有、伊豆等甜柿。

3.低矮　如无核小方柿、赤柿、夫妇柿等。

六、根据果实能否自然脱涩及其性状遗传特点分类

1.质量性状遗传的完全甜柿（pollination-constant and non-astringent，PCNA）　可细分为自然脱涩性状受显性单基因位点控制的中国原产完全甜柿（Chinese PCNA persimmon，简称中国甜柿或CPCNA），以及自然脱涩性状受隐性基因位点控制的日本原产完全甜柿（Japanese PCNA persimmon，简称日本甜柿或JPCNA）。

2.数量性状遗传的非完全甜柿（non-PCNA）　可细分为不完全甜柿（pollination- variant and non-astringent，PVNA）、不完全涩柿（pollination-variant and astringent，PVA）和完全涩柿（pollination-constant and astringent，PCA）。

第二节　主栽涩柿品种

一、尖顶柿

原产我国，分布于陕西彬州、永寿（火柿）、乾县（火柿）等地，种植面积近7 000hm²，是陕西省的主栽品种。

果实较大，平均单果重177 g，最大单果重191 g，纵径6.8cm，横径6.7cm，果型指数1.01，大小整齐，心形。软柿果皮呈橙红色，较细腻，果粉适中，无网纹，无裂纹，较易剥离。果实纵沟浅，果面无锈斑，无缢痕，果顶十字沟浅，渐尖，脐平。花柱遗迹呈粒状，蒂洼浅广，棱凸明显，无皱褶。果柄粗度3.5mm，长度9.5mm，基部较平。柿蒂方圆形，微凹，无十字纹，无方形纹，无皱纹，环形

纹明显，褐绿色。萼片心形，斜伸，锯合状，分离，不重叠。果横断面圆略方形，硬果肉橙色，硬柿质地松软，软果肉橙红色，肉质黏，无褐斑，纤维多，较粗，较长，果汁多，稍甜。含可溶性固形

5cm

尖顶柿果实形态

物16%，每100g含维生素C 28.8mg，可溶性单宁0.37%。髓较大，正方形或长方形，实心，心室数8枚，心室断面线形。无核或授粉后核1～2枚，椭圆，小，饱满，心皮合缝三角形，心皮发育均匀，抱蛋无。果皮不皱缩，不裂隙，品质中等。

当地有上百年的大树生长依然茂盛，常年单株产量400kg左右。在彬州于3月上旬萌芽，3月中旬发芽，4月上、中旬展叶，4月中旬现蕾，4月中、下旬新梢枯顶，5月中、下旬开花，9月中旬果实开始着色，10月下旬果实成熟、叶片变色，11月上旬落叶。果实发育需156d，营养生长期为245d。

枝条深赤褐色，富有光泽，明显曲折，芽沟无，枝毛中等。皮目圆形，红色，中等大小，明显凸，皮孔密且明显；芽等边三角形，中等大小，色淡，芽侧微缢，芽尖裸露，芽角小；叶枕钝角、高、叶枕基凹；叶痕马蹄形，大小中等，凸，暗褐色；维管束迹眉形，束迹洼暗褐色，束迹下沿凸。新叶黄绿色，平滑，新叶缘基部波状，两侧平展，新叶脉凹陷度不明显，新叶背茸毛多、色白、稍有光泽。成龄叶片纺锤形，叶面积65cm²，纵径13cm，横径7.8cm，先端钝尖，叶尖扭曲，叶基部宽楔形，叶缘平直，叶片下垂，两侧微内折，叶片绿色，光泽度中等，中脉茸毛少、呈黄色。叶柄长度17mm，粗2.3mm，叶柄红色，落叶期绿底红斑。

全株仅有雌花，着生在3～5节。花冠直径14.6mm，蓓蕾短柄葫芦形，淡黄绿色，花瓣乳黄色，花瓣色不均匀，分散，先端开裂，瓣较短且较宽，全开张。花筒较低，四棱形，筒裂浅，花筒乳黄色。雄蕊10个，较长、整齐、散生，花柱4个，长短中等，分散，柱头开裂度不明显，柱头较粗，黄绿色，聚在一起。子房蒜头形，黄绿色，子房直径7.2mm，无毛。花朵萼片4枚，宽17.7mm，近肾形，先端微裂，黄绿色，花萼脉不明显，花萼片粗糙，斜伸，姿态反折，花萼基稍联合。花托小，毛少，算珠形，花柄粗2.7mm，花柄长度13mm，柄基稍膨大。苞叶长10.5mm，苞叶宽3.1mm，披针形，着生花柄中部，花期苞叶尚存。

该品种与君迁子嫁接亲和力强。树势强健，抗逆性强，果实大小适中，丰产，稳产，是陕西乾县、彬州市、永寿县的地方特色主栽品种，可以鲜食，也可加工成柿饼，近年来部分企业以其为原料正在开发新的加工产品，有很好的市场前景。

二、富平尖柿

传统地方完全涩柿品种。原产陕西富平，栽培历史悠久，其果鲜食与加工兼用，最宜制饼，"富平柿饼"被誉为珍品，享誉国内外，为中国名特优产品。相传汉初就有栽植，明朝已大量栽培，并有制饼习惯。富平县曹村镇马家坡附近唐顺宗丰陵西侧曾有一棵采果百担的"柿寿星"，胸围2.45m，冠幅17m，相传有1 000多年，1995年枯死。传统加工的"合儿饼"和"吊饼"具有个大、霜白、底亮、质润、味香甜的特点。早在明朝万历年间，太子太保孙丕扬曾以"合儿饼"为贡品进献皇帝。

本品种有升底尖柿和辣角尖柿两个品系。升底尖柿个大、圆锥形，辣角尖柿果中等大，瘦长圆锥形，二者极易区别。

升底尖柿是制作传统"合儿饼"的首选品系。果个大，平均果重150g，最大果重157g，纵径6.4cm，横径6.9cm，大小整齐。心脏形或圆锥形，橙黄色，软化后橙色。果皮细腻、果粉中等、无裂纹，软后容易剥皮。无纵沟，十字沟不明显，果顶钝形、脐凸，果柄短粗。柿蒂大，方圆形，凸起，具方形纹，果梗附近斗状凸起。萼片4枚、大、扁心形、黄绿色、平伸，自然伸直不卷曲。相邻萼片的基部分离。果实横断面圆形。果肉橙色，无黑斑，纤维细短、少。肉质脆硬，软化后水质，汁液多、味浓甜，适宜做"合儿饼"。含可溶

5cm

富平升底尖柿果实形态

性固形物15%，髓中等大，成熟时实心。心室8个，长条形。心皮在果肉合缝呈柱形，果内无肉球，种子2～4粒，饱满，椭圆形。

辣角尖柿果中等大，长圆锥形，纵径7cm、横径5.2cm，平均果重120g。柿蒂大，方圆形，凸起。其果形若菜辣椒而得名，较升底尖柿丰产、稳产，是制作"吊饼"的首选品系。

与君迁子嫁接亲和力强。树势强健。萌芽度高，发枝力中等，嫁接后第4年开始结果，10年后进入盛果期。在陕西杨凌，3月上、中旬萌芽，3月下旬发芽，4月上旬展叶、现蕾，4月下旬新梢枯顶，5月开花，9月上、中旬果实开始着色，10月末至11月初果实成熟，10月下旬叶片变色，11月上旬落叶。果实发育需153d，营养生长期为241d。栽植密度适中，喜温喜水，整形修剪以三枝一心形为主，抗病性差，注意防治炭疽病。

三、火晶柿子

火晶柿子是西安市临潼区的历史名优特产，果形扁圆，果面为朱红色，细润而光滑，色泽艳丽、浆汁丰满、鲜美甘甜、大小均匀。火晶柿子软化后，色红耀眼似火球，晶莹透亮如水晶，故称为火晶柿子。临潼区的骊山、秦始皇陵一带，自汉唐以来，就一直是皇家的游乐场所，广植各种花木果树，其中柿树很多，火晶柿子就是经过几千年的不断培育而形成的。火晶柿子在临潼栽培具有悠久的历史，自唐太宗在骊山脚下扩建宫室之后，并将柿作为奇花异木的引植于此供观赏算起，其栽培历史最少也有1 300多年。2017年，临潼火晶柿子栽植面积1.4万亩*，分布于马额、穆寨、代王、秦陵等街道，年产鲜果2.8万t。

果实中等偏小，馒头形、橙红色，纵径4.6cm，横径5.7cm，大小整齐，平均单果重89g，最大果重110g，软化后朱红色，软化速度快，硬柿变成软柿有明显界限，软后果皮不皱缩、不裂。脱涩较难，耐贮性强。果皮厚而韧、细腻、果粉中等多，软后容易剥皮。无纵沟，无锈斑。果顶广圆形、脐凸，花柱遗迹断针状。蒂洼深而

---

* 亩为非法定计量单位，1亩 = 1/15hm² ≈667m²。——编者注

火晶柿子果实形态

广，果肩略呈棱状凸起。果柄粗而短。柿蒂中等大，方圆形，微红
色，微凸起，具有十字纹，果梗附近斗状凸起。萼片4枚，小，长
心脏形，褐绿色，微向上斜伸，挺直不卷。果实横断面方圆形。果

肉火红色，纤维细长。肉质脆硬、软化后黏质，汁液多，味甜。髓中等大、成熟时实心。心室8个，线形。心皮在果内合缝呈柱形，果内无肉球，在临潼当地无种子，资源圃内有雄花授粉后会产生种子。含可溶性固形物16.5%，可溶性糖13.09%，每100g含维生素C 10.76mg，单宁1.22%，品质上等。软柿宜食。可与面粉混合作风味小吃"柿子饼"。

与君迁子嫁接亲和力强。树势强健，萌芽率高，发枝力强，大小年明显，丰产。6月生理落果多，无采前落果。在陕西杨凌，3月上旬萌芽，3月中、下旬发芽，4月上、中旬展叶，4月中旬现蕾，4月中、下旬新梢枯顶，5月中旬开花，9月上、中旬果实开始着色，10月下旬果实成熟，10月下旬至11月上旬落叶。果实发育需189d。

适应性强，对土壤要求不严，壤土、沙砾土均能栽培，但以沙砾土栽培品质更佳。必须栽植嫁接苗，君迁子为砧木，嫁接繁育种苗。

四、磨盘柿

原产我国河北省，栽培已有900年的历史，北宋寇宗奭《本草衍义》（1116年）中记有"有着盖柿，于蒂下别生一重"，这是对磨盘柿最早的记载，之后逐渐向南传播。目前主产于天津、北京，河北省的燕山，以及太行山脉的浅山区，尤以天津市的蓟县盘山所产品质最优。其他如山东、山西、河南、陕西、湖北、湖南、广东、浙江等省也有少量栽培。

属传统地方晚熟涩柿品种。栽培历史悠久，明代洪武年间北京房山地区就有栽培。曾被永乐皇帝朱棣封为御用贡品。明万历年间的《房山县志》记载："柿为本境出产之大宗，西北河套沟，西南张坊沟，无村不有，售出北京者，房山最居多数，其大如拳，其甘如蜜。"因果实大，形似"磨盘"而得名。以鲜食为主，也可制饼、造酒。

树体高大，干性较强，树姿半开张，树势强健，树冠圆锥形或圆头形。枝条较粗壮、稀疏。萌芽率低，发枝力中等。1年生枝条棕褐色、直，结果枝变细明显。皮孔密度中等，凸起，较明显。冬芽中等大，等边三角形。叶片大，深绿色，椭圆形，先端钝尖。侧脉10条，叶脉角（主脉与侧脉之间的夹角）小，网脉明显。叶柄黄绿色，长24.5mm。

全株仅有雌花，着生在3~9节。花冠较小，直径17.2mm，花瓣淡黄色或黄色。花筒高低中等、乳黄色、四棱形。子房中等大，7.6mm，淡黄绿色。萼片绿色，4枚，整齐，先端渐尖，镊合状。花托中等大，长12.5mm，呈半圆形。花柄短，长10.9mm。托叶大，披针形。在河北保定，4月初萌芽，5月上、中旬开花，9月上、中旬果实着色，10月下旬成熟。

果实特大，平均果重244g，最大果重550g，纵径5.7cm、横径8.0cm，大小较整齐。磨盘形，深橙色，软化后橙红色。果皮粗细中等，无蒂隙，皮易剥离。果实中部缢痕明显。果顶平、脐凹，花柱遗迹簇状。果柄粗短，柿蒂大、方圆形、黄绿色。萼片大，4枚，肾形，边缘向外翻。果实横断面方圆形，果肉橙色，无褐斑。肉质稍绵，汁液中等。含可溶性固形物16.8%。心皮4，联合型。髓正方形，11.7mm，成熟时实心。心室8个，棱形。果实可完全软化，软后果皮不裂。较易脱涩，果肉松、纤维少，汁多味甜。主产地的品种无核，周边有雄花授粉后，可产生种子，宜脆食或软食。

该品种适应性强，较抗寒，单性结实力强，无须配植授粉树。

产量中等，大小年较明显。果耐贮运，但不易干燥，自然晾晒时容易霉烂，须用人工烘烤法才能成功。

5cm

磨盘柿果实形态

五、朱柿

原产我国，最早见于寇宗奭的《本草衍义》（1116年），其中记有"……华州朱柿小而深红……"，李时珍《本草纲目》对柿注解中引用苏颂的话"……朱柿出华山，似红柿而圆小，皮薄，可爱，味更甘珍……"，据此认为朱柿栽培历史至今已有900年以上的历史。陕西省华州区栽培最早，现分布于陕西、山西、河南一带，栽培不多。

果实小，平均重45g，最大果重62g，纵径4.3cm，横径4.3cm，大小整齐，圆形或卵形，朱红色，软化后大红色。果皮粗细中等、果粉多，无网状纹，无裂纹，无蒂隙，软后极易剥皮。无纵沟，无锈斑，缢痕极浅，位于近蒂处，易被忽视。无十字沟，果顶圆形或钝尖，脐凸，花柱遗迹断针状。无蒂洼，果肩无棱状凸起。果柄细短。柿蒂中等大，圆形，微红色，具有环形纹，果梗附近呈圆形凸起。萼片4枚，小，心脏形，黄褐色，微向下伸，不卷曲。相邻萼片的基部分离，边缘互相不重叠。果实横断面圆形。果肉红色，无黑斑，纤维细长。肉质脆硬，软化后水质，汁液多，味浓甜。含水量79.2%，可溶性固形物18%，可溶性糖13.6%，每100g含维生素C 15.7mg，单宁1.77%。髓小，成熟时实心。心室8个，宽梭形。心皮在果内合缝呈线形，果内无肉球，无种子。果实能完全软化，软化速度中等，硬柿变成软柿有明显界限，软后果皮不皱缩、不裂。不易脱涩，耐贮。品质上等。宜鲜食。

与君迁子嫁接亲和力强。树势中庸。20年生树高5.5m，冠径东西4.5m，南北4.5m。萌芽力低，发枝力中等，嫁接后第3年开始结果，大小年不明显，产量一般。6月生理落果中等，10个结果母枝可以萌生19个结果枝，能结45.6个果实。在陕西省眉县于3月上旬萌芽，3月中旬发芽，4月中旬展叶、现蕾、新梢枯顶，5月中旬初花、盛花，5月下旬终花，9月上、中旬果实开始着色，10月下旬果实成熟、叶子变色，10月末至11月初叶子脱落。果实发育需147d，营养生长期为234d。

5cm

朱柿果实形态

树姿半开张。树冠呈圆头形。树干灰白色，表面粗糙，裂片窄小。分枝较密，1 年生枝条棕色，平均长 9.5cm，基部粗 0.38cm。皮目长圆形，小，分布中等密。枝条表面无茸毛，冬芽尖端微露在鳞片外，叶片小，长 11.3cm，宽 5.5cm。绿色（新叶期深绿色，落叶前暗红或黑绿色）。腹面有光泽，背面稀具白色茸毛。叶长椭圆形，先端窄急尖，基部楔形，叶缘平直，叶片平展斜伸，叶尖或扭曲。叶柄黄绿色，长 1.2cm。

全株仅有雌花，着生在 5～9 节。花冠大，直径 1.9cm，花瓣淡黄色，互相稍重叠，花瓣窄长，先端尖，半开张。花筒低，乳黄色，四棱形；蓓蕾期呈火炬形，尖端黄绿色。花柱 4 个，长，下部联合，柱头细、黄色、2 裂、聚。子房小，短圆锥形，黄绿色。退化雄蕊 8 枚，长而整齐，散生。萼片绿色，4 枚，小，心脏形，先端锐尖，平伸或微向上斜伸，挺直不卷或中央稍微凸起，两侧平伸，相邻萼片的基部稍联合，表面光滑，脉纹不明显。花托小，平截椭圆形。花柄较短，约 1.1cm，与花托相连处膨大。托叶小，细披针形，位于花柄中部。

该品种果实朱红色，颜色艳丽，光洁可爱，甘甜似蜜，无核，剥皮极易，结果量大，耐贮，是群众喜爱软食的优良品种；但果太小，采摘费工。

六、月柿

传统地方性中晚熟涩柿品种，又称恭城水柿。其果实制成柿饼后，甘甜如饴、形似圆月，故名月柿。主要在广西桂林东北部的恭城、平乐等地栽培，相传在恭城瑶族自治县有 400 年栽培历史。20世纪 80 年代开始商品化生产，已成为广西栽培面积最大、年产量最高的鲜食、制干兼用品种。恭城"甜脆柿"畅销全国各地。

树冠圆头形或半圆形，树姿开张，树体较低矮。叶长心脏形，先端突尖，基部圆形，浓绿色，具光泽，呈波状皱缩。果实10月下旬成熟，单果重200～250g，扁圆形，橙红色，无纵沟。果顶广平，脐部凹陷。蒂小，有方形纹，萼片分离。该品种有粗皮和细皮两种类型：前者果皮较厚，果实水分少，制饼容易；后者皮薄肉嫩，制饼工艺要求高，但成饼后肉质透明、细腻、味甜、霜白。

定植后第3年挂果，5年后进入盛果期。单性结实能力较强，单植时无核，与雄花品种混植，每果含种子3～5粒，有核果通常较无核果大且果顶微凸。该品种丰产稳产，亩产3 000～4 000kg。

月柿果实形态

以君迁子或当地的野柿（鸟柿）为砧木嫁接繁殖。生产上无须配置授粉树，但生理落果现象较明显。当地采用环切等技术措施维持产量，建议采用在采果前后施用"还阳肥"、冬季修剪时选留和培养健壮结果母枝或花前10d疏蕾等无损生理落果控制途径。适宜树形为变则主干形或自然开心形，树高控制在3m或以下，并通过疏除大型结果枝组，以及"开（天）窗""开（南）门"使树冠通风透光。基肥以有机肥（包含果园废弃物）为主。

七、八月红

原产我国。主要分布于晋南的稷山县、万荣县、永济市、芮城县、垣曲县、闻喜县、襄汾县、阳城县；陕西的合阳县、大荔县、蒲城县、韩城市等地。

果实小或中等偏小，平均重74g，最大果重120g，纵径4.2cm，横径5.7cm，大小不均匀。扁圆形，橙红色、软化后橙红色。果皮粗糙、呈油胞状，果粉较多，有时出现黑色霉斑或网状纹，无裂纹，软后容易剥皮。无纵沟，无锈斑，缢痕浅而窄，位于蒂下，赘肉呈花瓣状。无十字沟，果顶广圆形，脐平，花柱遗迹呈粒状。蒂洼极浅。果柄细，长1cm左右。柿蒂大，方形，浅红色，较平，具有皱纹、十字纹和略方形纹，果柄处凹陷。萼片小，4枚，心脏形，由绿变成浅红色，微向上斜伸，不卷曲，基部极分离，相互不重叠。果实横断面方圆形。果肉橙或橙红色，果肉中常有粒状黑块，纤维细长且较多。肉质脆而致密，软化后水质，汁液多，味浓甜。含可溶性固形物15.24%，可溶性糖14.81%，每100g含维生素C 22.34mg，单宁0.34%。髓小，成熟时实心。心室8个，线形或长条形。心皮在果内合缝呈线形。果内无肉球，无种子。果实能完全软化，自然放置15～21d后逐渐变软，硬柿变成软柿有明显界限，软后果皮不皱缩、不开裂。耐贮。品质上等。宜加工成柿饼或鲜食。

与君迁子嫁接亲和力强。树势中等。70年生树高8m，冠径东西7m，南北6.8m。萌芽率高，发枝力强，5年生砧木嫁接后第3年开

八月红果实形态

始结果，15年后进入盛果期。常年株产250kg。大小年不明显，丰产性强。10个结果母枝可以萌生19个结果枝，能结30个果实。适应性强，山地、平地均能高产。较抗寒，1929年冬季大寒，其他品种受冻害严重，地上部分冻死，唯有本品种受害较轻，在晋南保留下来的植株最多。在陕西省眉县于3月上旬萌芽，3月中、下旬发芽，4月上旬展叶，4月上、中旬现蕾，4月中、下旬新梢枯顶，5月中旬初花，5月中、下旬盛花，9月中旬果实开始着色，10月中旬果实成熟收获，10月下旬叶片变色后脱落。果实发育需189d，营养生长期为232d。

　　树姿半开张。树冠呈圆头形。树干灰白色，表面粗糙，裂片宽大。分枝密。1年生枝条浅棕色，平均长12.2cm，基部粗0.46cm。皮目圆形，小，分布中等。冬芽尖端裸露在鳞片外。叶片小，长11.2cm，宽7.3cm。浓绿色（新叶期绿微带褐色，落叶前鲜红或紫红色）。腹面稍有光泽，背面有淡黄色茸毛，叶脉在新叶期下陷不明显。叶椭圆形，先端阔尖，基部钝圆形，叶缘呈波状，叶片平展，两侧向内折合使叶呈沟状，叶尖或有扭曲。叶柄绿色，长1.6cm，稀具毛。

　　全株仅有雌花，花冠大，直径2cm，花瓣淡黄色，稍重叠，先端常呈尾状开裂、开张。花筒低、乳黄色、四棱形，蓓蕾期呈葫芦形，尖端黄绿色。花柱4个，中等长，基部联合，柱头粗，淡黄色、复裂、半聚。子房中等大，扁方形，黄绿色。退化雄蕊8～12枚，中等长，长短整齐，散生。萼片绿色，4枚，较小，大小一致，心脏形，先端锐尖，向上斜伸，近基部两侧微向内凹呈沟状，边缘和先端平伸，相邻萼片的基部相互分离，稍重叠，表面光滑，脉纹明显。花托小，扁圆形。花柄长，约1.1cm，与花托相连处呈圆托状。托叶小，多为披针形，位于花柄中部。

　　该品种适应性强，抗寒、丰产、稳产，易于栽培管理。果实扁圆形而较小，制柿饼时容易干燥，因而上市最早，可以卖好价，但饼形太小，后期竞争力小。果肉内常有黑色斑点，鲜食时会影响食欲。

第三节　主栽甜柿品种

一、阳丰

中熟完全甜柿品种。日本农林水产省果树试验场安艺津分场育成的杂交品种，亲本为富有×次郎。1990年申请登记，1991年完成登记，1992年引入中国陕西眉县，后引种推广到全国16个省份和地区。截至2021年，栽培面积约60万亩，阳丰已成为中国产区的主栽甜柿品种。主要栽培在云南、浙江、湖北、江西、山西、陕西、山东、河南等省。

树势中庸，枝条粗壮，树姿半开张。果实软化后红色，果皮细腻，果粉中等多，无网状纹，无裂纹、蒂隙，果顶不裂。纵沟无，果

阳丰果枝

肩偶有条状锈斑，状若花瓣，因此人称"莲花座甜柿"。柿蒂大、圆形、微红色，果梗附近环状凸起。萼片4枚、绿色、镊合状、大、扁心脏形，平展紧贴果面，相邻萼片分离。花多、花瓣深黄色，花托半圆形，花期苞叶未落，苞叶为披针状。果实断面圆形、髓实且大，心室8个，心室断面呈线性。核4枚左右，饱满呈矩形，无抱蛋现象。

在陕西杨凌国家柿种质资源圃，3月中旬萌动，4月初萌芽，4月下旬展叶现蕾，5月中旬开花，10月上旬成熟，10月底落叶。果实发育期142d。

与君迁子亲和，嫁接后第3年开始结果，6年后进入盛果期。单性结实能力强、花多、易坐果，不配授粉树可生产无核果。建园早期宜密植，株行距3m×（2～2.5）m，主干形整形修剪，高水肥管理。仅有雌花，生理落果少，采前不落果。抗病，不抗旱。须疏蕾，保持叶果比20：1。果皮颜色达色卡6级以上便可采收。

单果重230g，肉质松脆、汁液中等多，味甜。含可溶性固形物17%，每100g含维生素C 38.04mg，单宁含量0.08%。硬果期20～30d，耐贮。品质上，大小年不明显，极丰产。

适宜低冠省力栽培，先密后稀，注意增施有机肥、测土补肥、防病治虫、安全用药。

二、太秋

日本引入，中早熟的完全甜柿杂交品种，亲本为富有×ⅡiG-16。1994年3月申请登录，1995年9月获批。1996年3月国家柿种质资源圃王仁梓从日本引进，高接在罗田甜柿中间砧上，品质优良。日本名"太秋"，太即大的意思。王先生在中国暂将其定名"大秋"。由于日本对太秋品种保护期已过，目前太秋与大秋是相同品种。浙江省已经审定了太秋品种，可以在适生地栽培发展。

　　果实扁圆形，橙黄色，无纵沟，果面有云状细裂纹，无锈斑。花柱遗迹为断针状，蒂洼微凹。柿蒂直径16mm，呈方形，柿蒂微凸。萼片直径19mm，呈扁心形，下垂，不卷，相邻萼片极分离，边缘不重叠，萼片4个，先端渐尖，颜色呈绿色，镊合状，较整齐。花托呈半椭圆形，花柄长13mm，花期苞叶未落，苞叶披针状、着生于中部。果实横断面方圆形，髓实且小，心室数8个。核较饱满、呈卵形，1～3枚，无抱蛋现象，生长势弱，生理落果现象轻。枝条黑褐色，皮较明显，密度中等，芽尖裸露，新叶黄绿色，叶片阔椭圆形，微内折，深绿色，叶基部呈圆形。

太秋甜柿果枝

　　雌雄同株，雌花冠径16mm，花瓣淡黄色，花瓣全开张。花筒低，乳黄色，四棱形。柱头聚集，四棱状，花柱中等长，花柱基部联合。

子房呈蒜头形，直径7mm，黄绿色；雄蕊长，排列整齐，呈散生状。

果实特大，平均重230g，最大果重368g，硬果期约30d。硬果酥脆，果肉无褐斑，软化后果肉质黏，汁液中等多、甜。含可溶性糖17%～22%，每100g含维生素C 29.35mg，单宁含量0.05%。抗圆斑病，抗寒性中等，适合硬果脆食，品质极佳。

与君迁子亲和力极差，高接及育苗时宜选择本砧及其他亲和性砧木；宜早断根，容器育苗或直播育苗，接口涂药治虫；加大行株距，加强通风透光；增施有机肥，幼果期保证肥水供给；果实膨大期控水。

适宜在浙江、云南、湖北、河南、陕西、山西、江苏等地栽培。

三、富有

原产日本岐阜。主栽完全甜柿品种。1920年引入我国，后又多次重复引种，在我国商业化栽培已有30多年。

树势强，树冠开张。萌芽迟，抗晚霜能力强。1年生枝粗且长，节间长，休眠枝略呈褐色，皮孔明显而凸起。嫩叶黄绿色，叶柄绿中带红；落叶期叶色变红。全株仅雌花。果梗短而粗，抗风力强。果实扁圆形，横断面圆形，果顶广圆形，无缢痕，赘肉呈花瓣状，果实横径7.92～8.68cm，纵径5.83～6.10cm，单果一般重200～250g，最大可达360g。果皮橙黄色，充分成熟后转朱红色，肉质致密细嫩，褐斑少而细，汁多，含糖量14%～17%，品质上等。在杭州花期5月上旬，7月下旬果实已自然脱涩，果熟期10月底至11月下旬，属晚熟完全甜柿品种。鲜果耐贮运。有许多芽变品系，如松本早生、爱知早生、上西早生等。

适应性强，结实早，丰产，稳产，是世界上栽培面积最广、商品性较好的甜柿品种。种植后2～3年结果，7～8年进入盛果期，亩产约2 500kg，经济寿命长达60年。易感炭疽病，应及时做好病虫

富有甜柿果实形态

害防治。

应选择光照条件好、土壤深厚、肥水充足的立地条件，采用优质健壮嫁接苗造林建园。对砧木要求严，适宜用本砧作砧木。

适宜种植范围有陕西、浙江、江苏、安徽、江西、广西（北部）、云南、湖北、湖南、重庆、四川等省份。

四、次郎

日本静冈引进的中熟完全甜柿品种。1920年引入我国，后又多次引种。中国主要柿产区都有栽培，云南保山、石林、玉溪等地种植面积大，并已形成产业。

树势强，1年生枝粗壮，节间短，分枝多，易密集，休眠枝上皮孔小而平，明显。嫩叶淡黄绿色，无雄花。果扁方圆形，横断面方形，纵沟4条，宽而清晰，果顶微凹，易开裂，十字沟明显。果面光洁，橙黄色至橙红色，果粉较多，无网状纹，果肉淡黄色、致密，褐斑细而少，果汁较少。在杭州10月中、下旬成熟，云南保山10月上旬至11月上旬采收。耐贮性较强。次郎芽变品种较多，如前川次郎、一木系次郎、若杉系次郎等，形态及风味品质同次郎相近，成熟期略有差异。

次郎甜柿果实形态

单果重200g，最大果重370g。可溶性固形物含量14%～17%，品质中上等。适应性强，抗风、耐寒、抗旱，适宜在肥沃土壤上生长，单性结实能力强。对砧木要求不严，与君迁子亲和性好。种植后2～3年结果，6～7年进入盛果期，亩产2 500～3 000kg，丰产，稳产。抗病性较强，易感黑星病。

栽培时选择土层深厚、光照充足、肥水条件好的立地条件建园。生长季及时追肥。

适宜在云南、陕西、山西、山东、贵州、四川、湖北、安徽、河南、浙江、江苏等省栽培。

五、早秋

日本选育的早熟完全甜柿品种。1988年杂交，亲本为伊豆×109-27，2000年8月育成，2001年3月申请登记，2003年3月在日本完成品种登记。2005年引入陕西国家柿种质资源圃。目前在云南、山西、陕西有少量栽植。适宜在夏秋温度较高的区域栽培。

果实扁圆形，橙红色。无纵沟，果面锈斑无或呈片状，果实无缢痕，果顶十字沟浅，果顶广圆形，花柱遗迹为粒状，蒂洼凹。柿蒂直径25mm，方圆形，微凸，果柄基部方圆形凸起。萼片直径23.5mm，扁心形，下垂，萼片4个，绿色，镊合状，整齐。花托扁圆形，花柄长度13mm，花期苞叶已落，苞叶为叶状，苞叶着生部位近。果实横断面为方圆形，髓实心，中等大，心室数8个，断面眉形、核饱满呈卵形，1～6枚，无抱蛋现象。

早秋果枝

在陕西杨凌国家柿种质资源圃，2月下旬萌动，3月上旬萌芽，3月底展叶现蕾，5月初开花，9月中旬成熟，11月初落叶。果实发育期133d。与君迁子嫁接亲和力中等。生长势中等，生理落果早期较多，丰产性高。成枝力强，芽尖微露，叶片卵形、内折、绿色。

仅着生雌花，雌花冠径约21mm，花瓣乳黄色，全开张。花筒较高，呈乳白色四棱形。柱头聚集二裂状，花柱长，花柱管状联合。子房呈短圆锥形，直径7mm，嫩绿色；雄蕊长，排列整齐，并生状。

果实特大，平均重205g，最大果重300g，硬果期约20d。硬果松脆，熟后稍软，果肉无褐斑。软化后果肉水质，汁液极多，浓甜。含可溶性糖约18%，每100g含维生素C 55.15mg，单宁0.06%。果实成熟与西村早生同步或略早，抗圆斑病，抗寒性弱，二次生长的新梢易感染炭疽病，适合硬果脆食、软柿鲜食，品质佳。

单性结实能力强，生产上配置西村早生授粉树并采取盛花期环割措施，一定程度上可以缓解落果现象。管理上应注意前期的疏花疏果会导致总体树势较弱，冬季应适当重剪。

适宜在夏秋温度较高的区域栽培，引入中国后尚未形成规模化商品化栽培，仅在湖北、河南、陕西、山西等地有少量栽培。

第三章　柿苗木繁殖

第一节　苗圃地的选择与建立

　　柿树是一种经济价值较高的果树，因其果实鲜美可口、富有营养，深受人们的喜爱。要想成功种植柿树，选择合适的苗圃地并进行科学建立是非常重要的。本节将介绍柿苗圃地的选择与建立的相关要点。

一、苗圃地的选择

　　1.土壤条件　柿树对土壤要求较高，适合生长的土壤的pH应为6.5～7.5，并且应具备良好的排水性能。柿树耐湿性较差，如果土壤排水不畅，易引发根部病害。此外，柿树喜欢富含有机质的土壤，所以选择含有丰富腐殖质的轻黏土或沙土更有利于柿树的生长发育。

　　2.避风条件　柿树对风的抵抗能力较弱，容易被风吹倒或折断。因此，在选择柿苗圃地时，要选择地势较低的地方，或者选择有防风设施的地方。

　　3.光照条件　柿树为喜阳植物，光照充足可以促进柿树的光合作用。因此，在选择柿苗圃地时，要选择阳光充足的地方，避免阴暗潮湿的环境。

　　4.地形条件　柿树适宜生长的地形条件为微倾坡地或属于略凸的地形。这样有利于迅速排走雨水，避免水涝。

二、苗圃地的建立

　　1.深翻整地　柿苗圃地的深翻整地是为了保证柿树的生长条件更为优越。秋季深翻30～50cm，冻垡杀菌；春季浅耕20cm，结合基肥（腐熟厩肥5t/亩＋过磷酸钙50kg）。可以使用挖掘机或徒手对

挖掘机地表整平

地表整平后

地表进行整平，除尽草根和石块，使无坷垃。

2.苗床规格

高床：床面高15～30cm，宽1～1.2m，步道40cm（多雨区）。

平床：埂高10cm，适用于中性气候。

容器育苗：采用穴盘或营养钵，基质配比为泥炭：珍珠岩：蛭石＝3∶1∶1。有条件的地区推荐采用容器育苗，尤其是优良的太秋品种，本砧种子应播种在营养钵中。

3.施肥管理　实际生产中，应根据土壤肥力情况和柿树生长需求进行施肥。

施肥

基肥：有机肥腐熟羊粪3t/亩＋复合肥（$N∶P_2O_5∶K_2O = 15∶15∶15$）50kg。

追肥：出苗后每半月喷施0.2%尿素，后期增施钾肥促木质化。

4.水源与排水设施建设　要求柿苗圃地水源便利，有排水设施。水源可以通过引进自来水或设置水井、水塘等方式来解决。排水设施有排水沟、排水管等，可排除多余的雨水或灌溉水，防止水涝。播种前几天浇透底水，待水分适宜时再播种。

5.应用科学的管理技术　在柿苗圃地的建立过程中，要合理应用科学的管理技术，包括合理施肥、浇水、修剪、病虫害防治等。科学管理可以提高柿苗的生长质量和产量。

总之，柿苗圃地的选择与建立关系到柿树的种植效果和产量，准备种植柿树的农民朋友们应该注意选择土壤条件良好、排水性能良好、避风条件好、光照条件充足的地方，并且在建立柿苗圃地时要进行地表整平、引进有机质、施肥、建设水源与排水设施，并合理应用科学的管理技术。只有这样，才能保证柿树的良好生长和高产。

第二节　砧木培育

一、砧木的选择

柿砧木的选择是砧木培育的首要步骤。选择的柿砧木应具备以下特点：第一，抗病虫害。柿砧木应具备一定的抗病虫害能力，以提高柿树整体的抗病虫害能力。第二，快速生长。柿砧木的生长速度应较快，以便能够尽快进行柿树嫁接，提高嫁接的成功率。第三，耐旱耐寒。柿砧木应具备一定的耐旱耐寒能力，以适应不同地区的气候条件，提高柿树的适应性。第四，株型匀称。柿砧木的株型应匀称，树干直立，枝条分布均匀，以便嫁接柿树顺利进行。

我国柿树历来使用嫁接法繁殖。作为嫁接用的砧木都是柿属植物，常用的砧木有君迁子、实生柿、油柿等。

①君迁子：我国北方及西南诸省多用。君迁子抗旱、抗寒、耐瘠薄，播种后发芽率高，生长快。若加强肥水管理，很快能达到嫁接粗度，而且嫁接亲和力强，成活率高。但不耐湿热，与甜柿的大部分品种亲和力差。石建城等（2020）从国家柿种质资源圃君迁子实生株系中选出的君迁子824和848两种类型，与甜柿品种富有嫁接，亲和性较好（表3-1）。

表3-1 君迁子砧木上嫁接富有甜柿的成活率与保存率

柿种	种质名称	嫁接株数	2013年6月		2014年6月			2015年6月	
			成活株数	成活率(%)	成活株数	保存率(%)		成活株数	保存率(%)
君迁子 D. lotus	君迁子822	151	105	69.54[Ccd]	67	63.81[Bbc]		53	50.48[BCc]
	君迁子824	140	110	78.57[BbCc]	93	84.55[Aa]		83	75.45[Aa]
	君迁子846	200	150	75.00[BCcd]	101	67.33[Bbc]		73	48.67[CcD]
	君迁子847	128	117	91.41[AaBb]	72	61.54[Bc]		34	29.06[Ee]
	君迁子848	144	120	83.33[Bbc]	97	80.83[AaBb]		90	75.00[Aa]
	君迁子849	134	106	79.10[BbCc]	75	70.75[Bb]		52	49.06[Cc]
	君迁子852	171	145	84.80[ABb]	112	77.24[AaBb]		56	38.62[DdEe]
	君迁子66	169	146	86.39[ABb]	101	69.18[Bbc]		73	50.00[Cc]
	君迁子67	130	127	97.69[Aa]	83	65.35[Bbc]		76	59.84[Bb]
	西昌君迁子1012	95	65	68.42[Ccd]	28	43.08[Cd]		22	33.85[DdEe]

注：同列不同大写字母表示在0.01水平差异极显著，不同小写字母表示在0.05水平差异显著；成活率＝当年成活株数/嫁接株数，保存率＝当年成活株数/2013年成活株数；资料引自石建城等，2020。

②实生柿：我国南方柿的主要砧木，一般选用果实小、种子多的栽培柿或者野生柿。主根发达，耐旱、耐涝，适宜在温暖多雨地区生长。播种后发芽率低，发芽后生长缓慢，达到嫁接粗度所需时间长，亦可用作富有系甜柿品种的砧木。

③油柿：苏杭地区作砧木较多，根群分布浅，细根多。对柿具矮化作用，能提早结果。但以此为砧木的柿树寿命较短。

二、砧木培育的方法

一般通过种子繁殖技术进行柿砧木培育，步骤如下。

1.种子采集　作砧木用的种子应采自充分成熟的君迁子（或野柿等）果实。君迁子一般在10月下旬果实变为暗褐色时采收，采下后堆积软化，搓烂，淘去果肉碎渣和杂质。

2.种子处理　漂洗干净的种子阴干后便可播种。春播的种子一般都要经过沙藏处理，或将阴干的种子放在通风冷凉处干藏。干藏的种子用30～40℃的温水浸泡2～3d，每天换水1次，待种子吸水膨胀后即可播种。干藏的种子发芽率较沙藏的要低，应适当增大播种量。

3.播种　播种分秋播和春播。北方秋播宜在冻土前播种，南方秋播可在晚秋后播种，但生产上常采用春播。春播在2月下旬至4月上旬，采用条播，行距25～30cm，播种深度2～3cm，覆约2cm厚细土或焦泥灰，再用稻草等覆盖床面。播种量同种子大小和出苗率

育苗穴播种

无纺布袋播种（多用于本砧育苗）

有关，一般君迁子、浙江柿等种子每亩播种4～6kg，柿、野柿、油柿等种子每亩播种15kg左右。

三、砧木培育的管理要点

1.控制温湿度 柿砧木的培育过程中，要确保适宜的温湿度。避免过高或过低的温度对柿砧木的生长产生不良影响。同时，也要注意保持适宜的湿度，防止柿砧木干燥或过湿。

2.施肥养护 柿砧木的养护过程中要适时施肥。可以选择有机肥或者化肥进行施用，保证柿砧木的养分供应，促进其生长发育。

3.防治病虫害 在柿砧木的培育过程中，要注意病虫害的防治。定期巡查柿砧木的健康状况，及时采取相应的防治措施，避免病虫害的发生和蔓延。

4.适时修剪整形 柿砧木生长一定时期后要进行适时的修剪整形，以保证柿砧木的株型匀称。适当修剪可以促进柿砧木的分枝和新梢生长，同时可以纠正生长过于茂盛的不良现象。

总之，柿砧木培育是柿树种植中非常重要的一环。在柿砧木的

苗圃地砧木长势

选择上，应注意选择具备抗病虫害、生长速度快、耐旱耐寒、株型匀称等特点的柿砧木。在培育过程中，可以采用种子繁殖或分株扦插繁殖的方法。同时，还要控制温湿度、施肥养护、防治病虫害和适时修剪整形。通过柿砧木的科学培育，可以获得品质优、产量高的柿树。

第三节　苗木嫁接

柿苗木嫁接是指在柿树幼苗生长阶段，将柿树的砧木与优良品种的接穗嫁接到一起，通过愈合和生长，形成新的柿树植株。柿苗木嫁接是柿树繁殖中的重要环节，可以实现柿树的优良品种选择、病虫害的防治和增加产量等目的。柿树的树液中富含单宁，嫁接时伤口处的单宁在空气中极易氧化形成黑色的隔离层，造成筛管堵塞，阻碍砧木与接穗之间愈伤组织的形成和营养物质的流通，使嫁接成活率降低。另外，柿树的芽基部隆起，节间弯曲，木质较硬，因此柿树的嫁接较苹果、梨、桃等难度大，所以必须把握嫁接时机，掌握熟练的嫁接技巧。本节将详细介绍柿苗木嫁接的适宜时间、具体步骤、嫁接方式以及嫁接后的管理措施。

无纺布袋砧木苗嫁接（带土球）

一、苗木嫁接的适宜时间

嫁接时期的选择非常关键，不同的嫁接时期要求的接穗条件及嫁接方法各不相同，各有其优缺点。春季嫁接用的接穗从落叶后至萌芽前都可采集，且容易保存和寄运，利用率也高，当年可以出圃。但不成活的苗补接后当年较难出圃，若补接别的品种还容易造成品种混乱。秋季嫁接，接穗采集时间短，不易保存和寄运，最好随采随接，不成活的苗翌年春季可以补接，补接后可以与上年嫁接的同时出圃。夏季多采用热粘皮法嫁接，所用接芽为结果母枝基部的隐芽，花蕾损失太大，接穗难采，也不易保存，又因天气炎热，切面的单宁容易氧化产生隔离层，切面较难愈合，故嫁接的速度要快。热粘皮法技术难度大，成活率低，除个别零星的坐地苗用当地接穗进行嫁接外，一般不宜采用。

各地应依柿树物候期决定嫁接时间，一般春季柿芽萌动（芽尖

柿芽接（柿芽萌动至发芽期）

柿皮下接（柿展叶期）

露白）至发芽（柿芽变绿）是芽接适期，展叶离皮后是皮下接的适期。各地大量嫁接主要在春季树液流动后，一般日平均温度稳定在10～20℃时进行。河南省嫁接一般最好在4月上、中旬，此时砧木的芽已经萌动、膨大但未展叶，而接芽尚未萌动，切忌在砧木尚未萌动而接穗早已发芽的情况下嫁接。要达到接穗和砧木的最佳结合时机，须通过控制接穗的沙藏温度来实现。若接穗新鲜，芽眼没有萌发，可持续嫁接至4月底。

二、苗木嫁接的步骤

1.嫁接前准备　选用健康、生长良好的柿砧木苗和优良品种的接穗。春季嫁接用的接穗，在母株进入休眠期后或在早春柿树萌芽前的1个月内都可采集，深休眠期采集的接穗贮藏的养分最多、最好。但为了缩短接穗贮存时间，确保接穗新鲜，也可于芽萌动前采集。要注意在品种纯正、优良，生长健壮无病虫害的中、青年树上采集，最好在已挂果的母树上选择，以提早嫁接苗的挂果期。剪取树冠上部外围有饱满芽的粗壮充实、成熟的1年生发育枝或结果母枝。为了延长嫁接时间，抑制芽眼萌发，保持接穗新鲜，采后的接穗最好迅速进行蜡封和贮藏，即把采回的接穗以10根或20根为一捆进行捆扎，且剪口部位要扎整齐，石蜡隔水加热熔化（80～90℃，蜡温过高会烫伤接穗，过低则附着的蜡层太厚而容易脱落）后，将捆扎好的接穗两头剪口迅速放在熔化的石蜡中蘸一下，动作要迅速，两次蘸蜡应覆盖整个接穗，然后在阴凉不积水处挖坑，用纯净的湿沙埋藏贮放。沙藏时坑的大小视接穗多少而定。坑深50～60cm，挖好后在底部先铺一层河沙，再将捆扎好的接穗平放在河沙上，依次排列，排满一层盖一层沙，再放一层接穗盖一层沙，如此重复直至放完接穗。接穗放完后上面覆盖10cm厚的沙层，最上层要覆盖好，防雨水渗入。在温度较高、空气不过于干燥的地方，也可露头斜插。沙藏用的沙子要用干净的纯沙，湿度要适当，以手感潮润、握不成团为宜，太干接穗容易失水，太湿接穗容易沤黑而失去生活力。

接穗沙藏过程中为避免失水，沙的温度应控制在0～5℃。开春后，气温升高，接穗容易萌发，最好将接穗移入冷库保存，延缓其萌发。发黑、发干的接穗，其侧芽的生命力降低或侧芽已经死亡。若接穗少时可把蜡封后的接穗直接放在冰箱内保鲜。如果将接穗寄运远方，可将封过蜡的接穗捆成小束，标明品种，外用塑料薄膜包裹。若接穗未用蜡封过，应在接穗两头填充少量湿锯末、珍珠岩或蘸湿的卫生纸，外面再用塑料薄膜包裹，以防途中干燥，但填充物的湿度不宜过大，而且最好喷药杀菌，以防途中发霉。

从外地引入的接穗，要认真检查有无病虫带入，最好进行消毒、杀虫。嫁接前要对接穗进行检查，接穗抠开表皮后呈绿色，抠下饱满芽后，芽的基部呈绿色，削开木质部有潮湿感，表示接穗正常。如果抠去表皮后，绿皮层变成黑褐色、木质部有黑丝、接芽基部呈黑褐色，表示接穗已失去活力。如果木质部有点干，应将接穗插在水中使其吸水催活。已发芽露白的接穗仍可以用，如果接穗的芽已变成绿色，只要砧木也已发芽且接近展叶的也能接活。如果木质部有黑丝，而表皮下的绿皮层和芽基部仍呈绿色的也可嫁接，但成活率稍低，在接穗不足时，不妨应用。秋季嫁接用的接穗，应采已由绿变褐的壮枝作接穗，剪去叶片，保留叶柄，因不能久贮，最好随接随采。

2.制作接穗剪断砧木　从优良品种的柿树树冠中选择健康的新梢作为接穗，剪下长度为10～15cm的嫩枝。接穗的底部要削成尖锐的楔形，上端保留一至两片叶子。

将柿砧木苗剪断成与接穗相匹配的大小，剪口要平直、光滑。

3.嫁接　将制作好的接穗与剪断的砧木迅速接合，将接穗的楔形底部插入砧木剪口中，并用透明胶带紧密包扎，以保持接穗与砧木紧密接触。

4.封口处理　用封口剂或防裂胶进行封口处理，以防止水分流失和病菌感染。

田间嫁接

嫁接后封膜

5.光照调节　嫁接后的柿苗木应避免阳光直射，可使用遮阳网或纸板进行遮挡，保持适宜的光照强度。

6.环境调节　嫁接后的柿苗木应保持适宜的温度和湿度，避免过高或过低的温度以及过湿或过干的环境条件对柿苗木的生长产生不利影响。

三、苗木嫁接的方式

柿树嫁接方式主要有芽接和枝接两种。采用哪种方法，一是取决于嫁接时间，二是取决于嫁接人员的技术熟练程度。嫁接人员可用自己最熟悉、最拿手，成活率最高的嫁接方法嫁接，不必强求一致。芽接有方块形、单开门、双开门、环状、套芽接、嵌芽接等多种方法，其中嵌芽接较常用。枝接方法主要有切接、皮下接、靠接等。

1.嵌芽接　苗圃嫁接最常用的是嵌芽接，也称带木质部单芽接，嫁接时最快、最省接穗、成活率相对较高。最好选取2年生枝条基部的潜伏芽（芽体肥厚，富含营养，易成活）。具体方法是：倒拿接穗，削取接芽，在芽体上方约1cm处向下斜切一刀，长约1.5cm，然

嵌芽接流程示意图

A.在接穗芽的下部向下斜切一刀　B.在接穗芽的上部由上而下斜削一刀，使两刀口相遇，取下带木质部的芽片　C.在砧木近地处由上而下斜切一刀，刀口深入木质部　D.在砧木切口上方由上而下再削一刀，深入木质部，使两刀口相遇　E.取下砧木切口的带木质部树皮，形成和芽体同样大小的伤口，将接芽嵌入砧木切口　F.用塑料条捆严绑紧，要露出接芽，以利于芽的萌发和生长

后在芽体下方0.5～0.8cm处，斜切成30°角到第1刀底部，取下带木质的芽体，放入水中；在砧木距地面5cm左右选择光滑处，用同样的方法制出一个与芽体相吻合的楔面，切口比芽体稍长，然后把芽体嵌入砧木，注意使接穗与砧木的形成层对齐，用备好的塑料薄膜条及时扎封严密，以保证接口处不透气、不渗水，接芽要外露。在嫁接过程中关键要削力大，速度快，包扎紧，芽片尽量大。由于柿枝条中上部节位多有曲折，芽体上护芽肉凹陷，芽体不能贴平，护芽肉不能紧贴形成层，所以常用旺枝下部的隐芽嫁接，但不易大批量生产苗木。

2.切接　切接法在柿枝接当中具有广泛代表性，在苗圃中也利用较多。取与砧木粗细大致相等的穗条，先从最上部芽的背后下方

2cm处切入木质部，即水平状切削；切削长2～2.5cm（如砧木较粗应相应加长），不要切伤髓部，在削面背侧基部削锐角，削好的接穗保留1～2个健壮的芽。将砧木距地面5～10cm处呈水平状剪断，从光滑平直的一侧沿木质部与树皮相接处向下垂直切下一纵口，长2cm左右。这时要特别注意切面要平直。对准形成层将接穗插入砧木切口至底部，接穗切口上部应稍露白约0.2cm，以利愈合，并最好使砧穗切口面对齐。用事先剪好的宽1～1.2cm的塑料带绑扎，绑扎松紧适度，封闭砧木断面和接穗顶端切口，防止伤口干燥。

3.皮下接（插皮接） 常用于较粗大的砧木或高接换种。选芽体饱满枝段，在接穗下端芽的左右两侧，削成一个楔形斜面，一般削

皮下接流程示意图

A.接穗在芽的另一侧削一斜面，使呈马耳形，长2～3cm；先端从另一侧左右略削小斜面，使先端削尖形，削面以上剪留1～2个芽 B.嫁接时在砧木皮部光滑处横向锯断 C.在光滑、挺直的一侧纵割皮部1～2cm长，深达木质部，顺势用刀左右扐动，使割口上方的皮略翘起 D.迅速将接穗插入砧木的割口 E.用接树绳将嫁接后的枝条扎紧 F.使用湿泥土覆盖嫁接部位，用绳子扎紧

面长3～4cm，特别粗壮的接穗，削面应更长一些。削面内侧稍薄、外侧稍厚，每个接穗留取2～4个芽为宜。确定嫁接部位，选择光滑、挺直处截断砧木，断面光滑平整。从断面中心垂直劈下，然后把削好的接穗轻轻插入劈口，对齐形成层。削面留白0.1～0.3cm。用塑料薄膜绑缚严密。

四、苗木嫁接后的管理措施

1.剪砧 采用芽接、腹接等在嫁接口上保留砧木的嫁接方法时，接芽或枝条成活后须进行剪砧。果树专家张明德先生推荐采用两次剪砧法。第1次在嫁接成活后，嫁接口以上暂时保留15～20cm的活桩，用以绑撑接穗新梢、增强抗风能力。对保留的活桩，采取抹芽、摘心、疏枝等措施控制其旺长，但又不让其枯死，因为死桩木质脆，易折断。待秋季落叶后第2次剪砧，要求剪口平整，不劈裂，稍向接芽对面倾斜，不留短桩，以促进愈合。

2.肥水管理及中耕除草 土壤干燥时，最好在嫁接之前就进行浇水，以促使砧木树液流动。嫁接后的肥水管理应先促后控。柿树嫁接后1周内通常不浇水，等10d以后才能浇水。剪砧后要及时施肥浇水1次，施肥应以氮肥为主，适量施磷肥和钾肥。另外，河南省5—6月气温高，易发生干旱，所以要特别注意对苗木及时浇水和适量追施化肥。苗高60cm时摘心，以促进嫁接苗苗壮生长和木质化。在整个生长季节中，要注意清除杂草、浇水、喷叶面肥和植物生长调节剂。到10月上旬苗木达80cm以上，即可出圃销售或建园。

3.病虫害防治 柿嫁接苗主要害虫有苹梢鹰夜蛾、金龟子、刺蛾等，会影响苗木生长，甚至使嫁接苗接穗枯萎。5—8月是危害较严重的季节，应及时用菊酯类农药防治。苗期易受炭疽病、角斑病危害，特别是南方，5—7月雨水多、湿度大、气温适宜，最易发生。

因此从4月接芽长叶后即开始喷施代森锌或代森锰锌，连续喷布4～6次防治效果显著。

4.抹芽及放苗　砧木容易萌芽抽枝，接芽成活后，应及时抹除砧木上接芽下方萌发的嫩芽，防止萌芽和接芽争夺养分，减少养分的无谓消耗，促进嫁接苗生长，称为抹芽。一般每5～7d抹1次，直至接芽旺长、砧木不再发生萌芽为止。对整形带以下萌发的副梢也应及时抹除，并抹除干净，确保苗木健壮生长。接芽上方的砧芽可暂时保留1～2个，以利于接芽愈合，待接芽萌动时必须掰掉。当接芽长至20cm左右时，及时用刀片割掉嫁接包扎物，以利于嫁接苗成长，称为放苗，以免枝条增粗以后接口处受缢形成"马蜂腰"而折断。注意在抹芽和放苗时不要碰伤嫁接苗。有大风的地区，当新梢长至30cm以上时，须在苗木迎风面设支柱绑缚，因为柿树枝叶粗大，接口处未长牢固，新梢容易被风吹折断或不直立。未成活的应及时补接，补接位置要在原接口下方或反面。补接的品种不同时，应做出标记。

5.防冻害　柿树苗抗寒能力较差，容易发生冻害，要注意采取一定措施加以防护。秋后要控制其生长或剪去苗顶幼嫩部分，促其木质化，提高抗寒力。春季芽膨大期进行田间浇水，降低地温，延缓发芽，以适应春季突变天气，防止芽被冻死。除此之外，还须注意到以下两点管理事项：其一是光照管理。嫁接后的柿苗木既要适当遮挡避免强光伤害，也要保证光照充足。其二是温湿度管理。柿苗木对温湿度较为敏

树干涂白以防冻害

感，保持适宜的温度和湿度有利于嫁接部的愈合和生长。

第四节　苗木出圃

　　柿苗木出圃是将苗木从苗圃移植到新的生长环境中的过程。该过程应谨慎操作，以确保苗木的存活率，保证苗木健康生长。本节介绍了关于柿苗木出圃的一些指导原则和步骤。

一、起苗与分级

　　1.起苗　　已达到出圃规格的柿树苗木，一般在秋末落叶后至春季发芽前出圃，北方多在春季土壤化冻后至萌芽前进行。起苗前应先做好准备工作，按不同品种分别做出标记，剔除杂苗，以防混乱。如土壤过于干燥板结，应在起苗前1周先浇水，使土壤变得松软。起苗时注意不要硬拔苗木，避免过多地损伤根系，也不要刮破树皮，尽量保护好根系上的土。

起苗

　　柿树小苗通常是裸根起苗，最忌起苗后至定植期间根系风干。因此，在起苗数量较大时，应先购置足够的农膜，挖好坑，和好泥浆，以便起苗时及时蘸泥浆，并包上农膜防止根系干燥。

　　2.分级　　起苗后，随即进行分级，并按一定数量捆成一捆，挂上标签，以便计量和搬运。不同地方的苗木分级标准不同，以下是北京的标准。

分级

　　（1）一级苗。苗高1.5m以上，1.5m以上无秋梢，地径1.2cm以上，主根长20cm以上，侧根5条以上，嫁接口愈合良好，无冻害、无病虫或机械伤。

　　（2）二级苗。苗高1.2～1.5m，无秋梢，地径1cm以上，主根长度不小于20cm，侧根4条以上，嫁接口愈合良好，无冻害、无病虫或机械伤。

　　（3）三级苗。苗高1～1.2m，无秋梢，地径0.8cm以上，主根长度不小于20cm，侧根2条以上，嫁接口愈合良好，无冻害、无病虫或机械伤。

　　（4）等外苗。除上述符合分级标准以外的苗木。

二、苗木检疫

苗木检疫是防止病虫传播的有效措施，不仅要控制新发生病虫害的扩散和传播，更要防止本地没有的病虫害种类通过苗木带入本地。我国各地已成立了检疫机构。苗木在包装或运输前，应经国家检疫机构或指定的专业人员进产地检疫，符合要求的签发检疫证，然后方能外运。苗圃有关人员必须遵守检疫条例，严禁引种带检疫对象的苗木和接穗。如系国外引入的品种，须隔离栽培，确定无特殊病虫害后，方可扩大栽培。

三、苗木假植

苗木掘起后若不及时运出或运出后不能及时栽植，应将其集中成排壅土栽植在无风害、冻害和积水的小块土地，以免失水枯萎，影响成活。根据时间的长短，可分为临时假植和长期假植。

假植

四、苗木包装与运输

柿根细胞渗透压低，细根干燥后很难成活。因此，苗木挖出后务必防止其根部干燥，特别是在运输之前，必须进行包装。包装的方法是把捆成一捆的苗木根部蘸上泥浆，沥去余水后用农膜包裹，外面再用编织袋或麻袋保护，用绳子缚紧，内外都拴上品种的标签。

当大批量运输时，也可整车包装。方法是先在车厢内铺宽8m、长为车身3倍的农膜，再铺一层湿草，将成捆蘸过泥浆后的柿苗依次排放，直至装满，上面再覆湿草，然后四周用农膜包严，盖好帆布，用绳子捆紧。

远销外运的苗木，须先进行检疫。严寒季节运输时，应注意防冻。

五、苗木的鉴别

1.砧木的鉴别　根据经验，已经嫁接好的柿苗，可以通过比较根系（细根多的是君迁子砧，细根少的是本砧）、根的断面颜色（由淡黄色不久便变为深黄色的是君迁子砧，淡黄色变色不深的是本砧）、根的浸出液颜色（将根切碎后，浸泡在水中，浸出液呈黄褐色的为君迁子砧，暗褐色的是本砧）或用试剂测定（在根系浸出液中滴入氢氧化钾溶液，呈红色的是君迁子砧，暗红色的是本砧；滴入醋酸铜饱和液，呈淡红色的是君迁子砧，紫红色的是本砧）等方法鉴别砧木是君迁子砧还是本砧。

2.甜柿苗真伪鉴别　近几年全国甜柿生产需求量较大，陕西、山东、山西等省大规模发展，但由于苗木市场不规范，仿真苗木较多，有些地方出现了以涩充甜、以劣充优的现象，使广大果农遭受损失。注意观察甜柿品种，寻找异同点，从苗茎色彩、皮孔、芽等表现形态上区分，这里将几个品种进行对比识别。

富有下部叶片勺形，节间弯，皮目大而明显，红，摸着粗糙，侧视芽呈三角形，鳞片有棱。

次郎节间微弯，皮目平，手摸有绒布感，侧视芽呈三角形，鳞片无棱，新叶淡黄色，叶缘波状，尖脉深凹。

禅寺丸节间短，皮目不凸，叶长，落叶前紫红色，叶痕灰白色，芽平。

西村早生枝灰黄色，分枝多，副芽发达，叶痕凹。

柿苗木出圃成功与否取决于各个环节是否细致管理。移植后的柿苗木要及时给予关注和护理，以保证其良好的生长发育。因此，在操作过程中需要细心和耐心，并且要遵循植物生长的规律和生物学原理。

第四章 柿园的建立

第一节　园地选择

柿园须符合无公害生产环境质量标准GB 3095、GB 15618、GB 5084的要求。选择土层厚度60cm以上、pH5.5～8.0、排水与通气性良好的壤土或沙壤土建园；以pH6～7的中性偏酸土壤最好。山地建园选择坡度在25°以下的阳坡或半阳坡。在平地建园，地下水位应在0.8m以下。建园应避开雹灾易发区、有害风顺向的沟谷、冷空气容易滞留的低洼地以及风力较大的山脊。选择柿树栽植地点时，还要考虑市场、交通等问题，权衡利弊、因地制宜地进行规划。要充分利用广阔的山地及荒滩空地，在耕地面积宽裕的地方，可利用较差的耕地建园。

建园

第二节　柿园规划与设计

对道路系统、种植区块、防护林带、水肥一体化设施、排灌系统及管理房、灌溉泵房等进行必要的合理规划。大面积集约化栽培的柿园的总体设计应考虑作业小区、防护系统、道路系统、排灌系统和附属建筑等问题。对于不足十亩的小柿园，只要安排好进出水口、确定行向、留出作业道和机械回旋余地即可，必要时增设防护设施。

一、小区划分

生产小区是柿园管理的基本作业单位，小区大小和形状要因地制宜：山区的小区宜小，小区长边应与等高线平行，有利于防止水土流失；平地柿园的小区可大，小区长边应与当地主要害风方向相垂直，以利防风。

二、防护林设计

防护林带是风多地和谷口地柿园的保护林带，主林带应与主风向垂直，注意乔灌木结合，可提高防护效果。在有大风的柿园应设置防风林，防风林应与生产区的边界结合。防风林带的结构可分为透风结构林带和紧密结构林带两种，前者防风的效果较好。通常防风林的防风效果为树高的 25～35 倍。据山东省林业科学研究院等单位观察，在树高 20 倍的范围内，林带背风面可降低风速 17%～56%。

林带内行数不同，降低风速的效果也不一样。在旷野风速 7m/s 的情况下，经过 4 行毛白杨林带时，在树高 20 倍范围内，风速比对照降低 59%；而通过 3 行毛白杨林带时，风速比对照降低 39%，3 行与 4 行比较相差 20%。一般大柿园周围栽 3～4 行，小柿园周围栽 2～3 行。防风林的树种最好是落叶树与常绿树相互配合。常绿树应种在落叶树的外缘，灌木应种在乔木外缘，否则会因光照不良影响生长。落叶乔木可用加拿大杨、毛白杨、山槐、榆树等，在南方也可用桉树、木麻黄等。常绿树可用柏、刺柏、黑松等。

三、道路设计

柿园的道路设计应以经济、方便为原则。为了便于运输与管理，柿园可根据面积大小设置必要的道路，面积小的园内可不设道路，面积大的设道路将柿园分成若干小区，路面宽度与质量应根据运输量和经济效益而定。山地柿园的主路应修成"之"字形，可减小路面的坡度，便于车辆向上行驶。山地柿园的支路应设在梯田内侧。

道路设计

四、排灌系统设计

北方丘陵山区普遍缺水，有条件的地方应设计渗灌或微量滴灌系统，为柿树高产优质创造条件。山地要搞好水土保持工程，就要根据地形修梯田、等高撩壕、挖鱼鳞坑、建蓄水池或排水沟。水渠一般设在路边，山地柿园的水渠设在梯田内侧。灌水沟最好用水泥或石块砌成，以防渗漏。排灌渠应有0.3%～0.5%的比降。在有暴雨的山区，因山地坡度大，雨季水流湍急，应在柿园最上坡的边缘开一条较深的拦水沟，以阻挡山洪下泄，园内的排水沟可与自然集水沟接合。

第三节　整地与栽植

一、整地

柿喜欢在土层深厚、有机质含量丰富、地下水位低、土壤通气性良好、地势平缓的地方生长。但是，这样的地方很少，所以不论山地、平地或滩地，在栽植前都要对土地进行整理。山地应做好水土保持工程，如修梯日或挖鱼鳞坑。梯田要求外侧稍高，边缘有埂，内侧有排水沟。鱼鳞坑应挖掘至约1m深，直径1.5m左右。在坑的下坡位置，用土砌成半圆形的稳固小堰。完成树木栽种后，要确保坑内地面形成外高内低的坡度，以便于有效积蓄雨水。在两个鱼鳞坑之间以小沟相连，能灌能排。之后再将鱼鳞坑逐年扩大，改造成梯田。

滩地通常局部地面高低不平，土壤瘠薄。建园前要平高垫低、平整地面、掏石换土或深翻破淤，将下层的淤泥翻上来。定植前后要种植绿肥，多施有机肥料，从而改良土壤，提高土壤保水保肥能力。

施有机肥

二、栽植

1.品种选择 柿树栽培品种的选择应根据柿园的立地条件、气候特点、栽培目的和经营规模而定。

交通方便的城镇附近或工矿区主要供应鲜食果，应选择果大、色艳、味美、质优、脱涩容易的鲜食品种；交通不便的偏远山区，以加工柿饼为栽培目的，应选择果实中等大、果形整齐、果面平滑、出饼率高、饼质好的品种。经营规模小的柿园，宜在同一园内选用2～3个成熟期大体一致的品种；经营规模大的则应合理搭配不同成熟期的品种，以延长供应期。秋季温度较高的地区能满足晚熟品种或甜柿成熟期对积温的需求，可选用晚熟品种或甜柿品种；秋季温度低、生长期短的地区则应选择早熟品种。

柿树单性结实能力强，因此大多数涩柿品种建园时不必配植授粉树，相反配植授粉树会使果实产生种子，降低其商品价值。甜柿次郎单性结实能力也很强，没有授粉条件时，其果实大小和品质基本不受影响，且果无核，所以一般不用配植授粉树。但其他一些甜柿主栽品种，单性结实能力通常比较低，没有种子的果实不但容易落果，而且果实小，不整齐，品质较差，尤其是一些不完全甜柿品种，没有授粉树就不能确保种子数量达到完全脱涩要求，因此必须配植授粉树。生产上常采用的授粉品种有禅寺丸、赤柿、正月、西村早生等，特别是禅寺丸的雄花量多、花粉量大、花期长，与君迁子的亲和力强，为主要授粉品种，在北方普遍栽培。赤柿开花早，宜作早熟品种（如西村早生、骏河等）的授粉树。正月开花较迟，是南方种植富有系品种的优良授粉树。此外，也可用雄花量大的涩柿品种作授粉树。授粉树搭配比例一般为10%。

品种选择（次郎）

2.栽植时间　有秋栽和春栽两期。秋栽在苗木落叶以后的11—12月进行，春栽在土壤解冻以后的3月进行。南方气候温暖，秋栽的时间也可适当推迟，春栽的时间可适当提早；北方冻土层厚，秋栽的苗木若不培土，地上部分易被抽干，故以春栽为宜，但在春旱地区以秋雨季后趁墒带叶栽植为宜。

3.栽植距离　柿栽植后15年内，树冠每年不断扩大，20年后才基本稳定。树冠的大小与品种及土地肥瘠有关，所以栽植距离也有所不同。合理的栽植距离应该是当树冠稳定以后，相邻的枝条互相不接触，全树通风透光良好。为了早期多收益，可在株间或行间加密栽培，栽植8～10年枝条接触后再隔株间伐。一般甜柿初栽以2.5m×3m为宜，涩柿以2.5m×4m为宜。

适宜行距

4. 栽植方法　定植穴大小应视土质而定，肥沃的土质和疏松的根系有利于柿树生长，定植穴0.8m见方，定植穴应在定植前挖好，春栽时最好在头年秋天挖好，以便使穴土在冬天风化，栽植后有利于树的生长。挖定植穴时心土与表土分别放于穴的两侧。

苗木栽植时先将心土与厩肥或堆肥混合，再加少量过磷酸钙，混匀后填入穴内，填至距穴口20cm时即可放入树苗，边填边振动树苗，使土流入根的

定植

缝隙中，填满后在穴周围修成土埂，再充分浇水，水下渗后用细土覆盖，防止水分蒸发。栽植深度以苗的根颈与地面平齐或稍深5～10cm为宜，浇水时若发现栽得过深，可稍稍将苗提起，根基立即加土护住，待水渗完后再培土保护。

第四节　坐地苗建园

一、坐地苗建园方法

1.直接播种法　在定植点上刨坑，播撒柿种3～4粒，浇水、覆土、踏实。春播秋播皆可，但春播种子须沙藏。经1年的生长后，于第2年（春播种子）或第3年（秋播种子）春季嫁接（枝接或芽接），培育成幼树，亦可放置3～4年后实行高接。

2.栽砧木苗法　将在苗圃中培育好的1年生砧木苗在定植点上定植1～2株，成活后，选择生长健壮的砧木苗进行嫁接。砧木苗春植秋植皆可。秋植时为保证砧木苗安全越冬，可在栽植后从距地面30cm处截干，培土防寒，待翌春发芽时再将土扒开，抹去近地面蘖芽，只留剪口下两三个芽。生长1年后，同播种的实生苗一样，进行嫁接，改成优种。

二、坐地苗建园优缺点

在一些干旱少雨、土质不良、气候严寒的地区，直接栽植柿树成苗往往成活率极低，建园不易成功。在这种地区，可采用先栽（种）砧木、后嫁接的坐地苗建园方法。坐地苗建园的方法是先在定植点上播撒柿种，或栽植柿砧木苗，待一年后，在长出的实生苗或栽好的砧木上嫁接品种。

1.坐地苗建园的优点　坐地苗建园可利用实生苗或砧木苗的强大根系及其适应性较强的特点闯过成活关。虽然比用成品苗建园晚一年时间，但因砧木苗已经长成强大根系，嫁接后幼树生长迅速，第2年即可开花结果，并不比成苗建园迟。在成品苗来源不足的情况下，用此法建园，可省去育苗程序，加快发展速度。

2.坐地苗建园的缺点　常使园貌不甚整齐，因此应尽量提高播种的出苗率或栽植的成活率，特别是嫁接的成活率。要求精选种子和种苗，采取多籽（播种3～4粒）保苗、截干埋土保成活等措施，并请有嫁接经验的能手嫁接，争取一次嫁接成功。

第五章 土肥水高效管理

　　土壤是柿树根系生长、吸取养分和水分的基础，土壤结构、营养水平、水分状况决定着土壤养分对植物的供给，直接影响柿树生长发育。柿园土肥水管理的目的就是人为地给予或创造良好的生长环境，使柿树在其最适宜的土肥水条件下得以健壮生长，这对柿树丰产、稳产具有极其重要的意义。

第一节　土壤管理

　　土壤管理是指通过土壤耕作、土壤改良、施肥、灌水和排水、杂草防除等一系列技术措施保持和提高土壤生产力的技术。该技术可以调节和供给土壤养分和水分，提高土壤肥力；可以疏松土壤，增加土壤的通透性，有利于根系纵横伸展；可以保持水土或减少水土流失，提高土壤保水、保土性能，同时注意排水，以保证柿树的根系活力。总之，土壤管理就是改善和调控柿树与土壤环境的关系，达到高产、优质、低耗的目的。

　　根系是植物生长的基础，了解柿树根系的生长规律对土壤管理意义重大。植物根系由主根、侧根及须根组成。柿根系分布因砧木不同而异。君迁子作砧，根分布浅，但分蘖力强，细根纵横交错，密布如网，耐瘠薄土壤，为我国栽培柿习用砧木。柿树（本砧）细根较少，主根发达，分布较深，常用作甜柿的砧木。

　　柿树的根系在新梢基本停长之后才开始活动。柿树根系在一年中有三次生长高峰：在我国北方地区5月中旬为根系第1次生长高峰；5月下旬至6月上旬为第2次生长高峰；7月中旬至8月上旬为第3次生长高峰。9月下旬之后，柿树停止生长进入休眠期。

　　柿树对土壤要求不严，山地、平原、沙滩、庭院均可栽培。为了获得高产、稳产的优质果品，维持较长的经济效益，最好在土层深厚、排水良好、持水力强的土壤或黏壤土中栽培。在沙地、黏土地及土层过于贫瘠或干旱的地方，柿树生长不良，产量低，寿命短。适宜柿生长的土壤pH为6.0～7.5，但在pH不超过8.2的土壤上，柿树也能正常生长。

一般柿园的土壤管理包括深翻扩盘、中耕除草、柿园覆盖、柿园间作。

一、深翻扩盘

1.深翻　柿树根系深入土层的深浅，直接影响树体吸收营养的多少，与生长结果有密切的关系。深翻可以加厚土层、改善土壤的理化性状、增加透气性，有利于蓄水保肥、加强微生物活动、加速土壤熟化，使果树根系向纵深发展。如能配合施入有机肥料，则效果更好，可以增加土壤含水量12%～13%，增加土壤微生物的活性1.2倍，加速土壤的熟化。

在每年入冬前和开春后对柿园进行深翻，有利于消灭越冬害虫，促进土壤熟化，保持土壤水分。春季深翻应在解冻后及早进行，风大干旱的寒地不宜进行。秋季深翻应在果实采收后至落叶前后结合秋施基肥进行。此时期柿树根系活动慢，养分回流，秋翻对地上部影响较小，伤根后易愈合，并有利于次年根系的生长，因此秋季是最好的深翻季节，在深翻的同时应结合灌水。

春季深翻

2.**扩盘** 对于山坡、丘陵和旱地柿园，应于每年8月中旬至10月中旬进行扩盘，即在树盘外距树干1.5m处开挖宽50cm、深40cm的环形沟。台田埝边可挖成半环形沟，深40cm左右，宽度不限，以后随着树冠的扩大，逐年翻通行间、向外扩展。挖沟时，将表土与底土分开放置，回填时结合施肥，将表土掺和杂草、秸秆等混匀后放在下层，底土放在上层。平缓地柿园可在行间开条沟，条沟与树干的距离根据树冠大小而定：幼园柿树树冠较小，可在距树干1m左右处开沟；树龄大且树冠也较大时，可距树干再远一些，以不伤及粗根为宜。

二、中耕除草

中耕除草就是在柿树生长期间，采用机械或人工方法疏松田间表土，并对土壤表面的杂草进行清除。值得注意的是要尽量减少对植物根系的伤害，让植物更好地吸收土壤养分，进行光合作用。中耕和除草一般在栽培管理中同时进行。

中耕的作用有：①促进生长，抑制徒长。中耕使柿树根部的土壤疏松，土壤变得更加细软，植物根系可以更好地生长。柿树营养生长过旺时深中耕，可切断部分根系，控制养分吸收，抑制徒长。②增强土壤的透气性。中耕能增强土壤透气性，增加土壤中氧气含量，增强柿树的呼吸作用，加强根系吸收能力，进而使柿树生长繁茂。③调节土壤的水分。中耕能增加土壤的透水性，使得植物根系有更多的水分吸收。干旱时中耕，能切断土壤表层的毛细管，减少土壤水分的蒸发散失量，提高土壤的抗旱能力。④增强根系的生长适应能力。中耕对根系有一定的伤害作用，但是植物的自我保护作用会加强根的适应能力，强化根系发育能力。⑤提高土壤的肥力。土壤中的有机质和矿物质养分，都必须经过土壤微生物的分解后，才能被农作物吸收利用。土壤中绝大多数微生物都是好氧性的，当土壤板结不通气，氧气严重不足时，微生物活动弱，土壤养分不能充分分解和释放。中耕松土后，土壤微生物因氧气充足而活动旺盛，大量分解和释放土壤潜在养分，可以提高土壤养分的利用率。⑥促使土肥相融。中耕后，可将追施在表层的肥料搅拌到底层，达到土肥相融的目的，还可防止脱氮，促进新根大量发生，提高吸收能力，加快土壤根系养分流动。中耕松土使得土壤的养分改变位置，便于根系吸收养分。⑦提高土壤温度。中耕松土能使土壤受光面积增大，吸收太阳辐射能增强，并能使热量很快向土壤深层传导，从而提高土壤温度。

除草的作用有：①减少了杂草对土壤养分和水分的吸收，同时也避免了杂草对阳光的竞争。②改变了植物的空间结构，减少了占地面积，改变了植物的密度，使得植物之间有更多的空间进行空气流动，加强了光合作用。③杂草清除后留在土壤中，杂草被分解后，也增加了土壤的有机质含量。

在柿树生长季节（特别是春、秋两季）对柿园及时中耕，可以破除地表板结，切断地表毛细管，减少土壤水分蒸发，改善土壤通透性，促进肥料分解。同时清除杂草，减少养分、水分消耗，降低柿园空气湿度，减少病虫害，尤其在雨后和灌水后，效果尤为明显。中耕全年一般进行3～4次，中耕深度10～15cm。在山地、丘陵地的柿园，保持水土尤为重要，应该结合中耕修整梯田和树盘，防止水土流失。

三、柿园覆盖

柿园覆盖是土壤管理的方法之一。一

机械除草

化学药剂除草 人工除草

般在树盘或行内覆盖稻草、秸秆、杂草等有机物，以保蓄水分、减少杂草，使土壤疏松、通透性好，调节土温，增加土壤有机质，提高土壤肥力，有利于果树生长并提高产量和品质。

　　柿园覆盖常用地布或秸秆覆盖。地布覆盖可以保墒提温，抑制杂草生长，最适于水肥一体化柿园，覆盖宽度一般为 1～1.5m。秸秆覆盖除可以保墒提温、抑制杂草生长外，还能提高土壤有机质含量，覆盖的宽度同地布覆盖宽度，有条件的柿园也可以进行全园覆盖。秸秆腐烂后及时结合深翻土壤将其埋入地下，还可以提高土壤中有机质的含量，对土壤肥力的提高有一定作用。

地布覆盖

四、柿园间作

　　实行柿园间作，能够改善生态环境、促进生态平衡，可调节田间风速，使田间风速明显降低、沙暴减少，这对柿树授粉结实极为

柿园间作

重要。果粮间作增大了田间植被覆盖度，增强了植物蒸腾作用，尤其是果树吸收土壤深层的水分并将其蒸腾到田间，从而起到防风保湿作用。一般间作使田间空气湿度提高，同时会使7—8月高温季节的气温降低1～2℃，改善柿园土壤温湿度。生物群落也因间作改善。据调查，果粮间作（柿园）的动物种类数量要比传统柿园有所增多，尤其是蜂类、螳螂、瓢虫增加显著，而害虫如大袋蛾、尺蛾、小麦吸浆虫、黏虫、麦蚜等有所减少。由于间作作物生长繁茂，果粮间作系统内杂草的种类和数量均比传统柿园明显减少。

在柿树的栽培管理中，初建幼园（1～2年）可适当间作，以充分利用土地和光能资源，增加收益。栽植后第1年在留宽1.5m以上营养带的前提下，可适当种植低秆作物，如豆类、蔬菜、药材等，不宜间作甘薯、棉花、苜蓿、玉米等作物。第2年营养带要增加到2m宽，以保证树体的正常生长。间作时要注意轮作倒茬，避免连作带来的缺素症、病虫害加剧和根系有毒分泌物大量积累等。第3年根据树冠生长情况酌情选择间作物。

第二节　施肥管理

施肥管理是综合管理中的一项重要措施。合理施肥是保证柿树生长发育和丰产的有效途径。施肥可以改善土壤理化性质，提高土壤肥力，减少落花落果，提高柿的产量和品质，尤其是山坡、丘陵或瘠薄地的柿树，其施肥需求更为迫切。

一、柿的营养特点

柿树吸收养分的时间比较晚，从萌芽、新梢生长到结果所需的养分主要依靠前一年储存的养分。柿树根可在厌氧条件下正常生长，因此根可以扎得很深，属于深根性果树，对肥效反应很迟钝。柿树甚至在施肥后2个月以上还无明显反应。柿树根系的细胞渗透压低，所以施肥浓度要低，要做到少量、多次施肥。柿树在休眠期也能吸收极少量的养分，大量养分的吸收是在花后的5月下旬开始，6—8月吸收量最多。有资料显示，成年结果柿树吸收氮、磷、钾、钙、镁元素的比例分别是10∶2∶14∶4∶1，而未结果树或结果极少树吸收以上元素的比例为10∶2∶10∶5∶1。由养分吸收的比例看出，氮和钾的吸收量最大。柿树在果树中需钾肥最多，尤其在果实肥大时需要量最多，往往从其他部分向果实运送。钾肥不足时果实发育受到限制，果实变小，后期尤应增加钾的供应；但钾肥过多，会导致果皮粗糙，外观不美，肉质粗硬，品质不佳。

二、施肥种类和时期

柿树根系活动晚，第1次生长高峰在新梢停长后至开花前，因此第1次追肥宜晚，而根系停长时间早，因此基肥要早施。柿树施肥一般分为基肥和追肥。

1.基肥　基肥的选择应根据柿树的品种、土壤条件、气候环境以及柿园管理目标来确定。常见的柿园基肥包括有机肥料和无机肥料。

有机肥料是来自动植物的废弃物或者经过堆肥发酵处理的有机物质。有机肥料富含有机质、氮、磷、钾等养分，并且能改善土壤结构、保持土壤湿度。常见的有机肥料有畜禽粪便等。

无机肥料是通过化学合成或者矿石提取得到的肥料。无机肥料可以快速提供有效的养分，但对土壤肥力的改善相对较小。常见的无机肥料包括氮、磷、钾等单一元素肥料，以及复合肥料等。

在柿园施用基肥时，应根据果树的生长需求和土壤养分状况来确定施肥量和施肥时间。施肥时要确保肥料均匀分布在果树周围，避免直接接触果树幼嫩的根部和茎干，以免烧伤植株。

基肥的主要作用，一是给作物提供整个生长期中所需要的养分，有助于促进果树的生长，提高果树的抗病能力，促进果实的形成和发育，提高果实品质和产量。但需要注意的是，施肥时要遵循科学施肥原则，避免过量施肥和肥料的滥用，以免对环境造成污染和对果树健康产生负面影响。二是改良和培育土壤，为作物生长创造良好的土壤环境。作物如果不施基肥，或是施肥量不足，会对作物的全过程生长都带来不利影响。

基肥施用不当会带来如下问题：土壤得不到调理，酸化、板结严重；果树根系生长环境差，根系不好，影响作物养分吸收；树势恢复慢，树势弱，病虫害容易暴发；果树开花慢，花量少，开花不整齐；春梢少而短，既不利于保果，也不利于明年挂果，同时影响今年和明年的产量；果树产量低，果实品质差，果子大小不均匀，容易形成果树大小年。

基肥是供给柿树生长、发育的基本肥料。施基肥要突出一个"早"字，保证一个"足"字，即深施有机肥宜早不宜晚，一般在8月中旬至9月底施入较好。若秋季未施入基肥，可在翌年早

施基肥

春施入，越早越好，一般在土壤解冻后即可施基肥。基肥以厩肥、圈肥、鸡粪肥等有机肥为主，并注意氮、磷、钾肥及中微量元素肥的配合。施肥量应占全年施肥量的50%～60%。

2.追肥　柿园追肥是指在柿树生长季节中，定期给柿树施加肥料，以补充土壤中的养分，确保柿树获得充足的营养。追肥的主要目的是维持或改善柿树的生长状况，促进果实的发育和增加产量。

（1）柿园追肥的主要作用。

①提供养分。柿树在生长期需要大量的营养元素，包括氮、磷、钾等。追肥可以补充土壤中缺乏的养分，确保柿树获得充足的营养。养分的提供能够促进柿树的健康生长，并为果实的形成和发育提供必要的条件。

②促进生长。追肥能够促进柿树的根系生长和分枝生长，增加柿树的叶面积和光合作用，提高光能利用效率。适量的追肥可以增加柿树的茂密度，形成浓密的冠层，有利于枝条的生长和果实的分布。

③改善果实品质。追肥对果实品质有着直接的影响。适量的追肥可以提供足够的养分，促进果实均匀发育，增加果实的大小、口感和甜度。

④增加产量。适当的追肥可以通过提供养分和促进生长来增加柿树的产量。有机肥和无机肥的合理搭配，能够满足柿树在各生长阶段的养分需求，从而提高柿树的生产能力。

⑤提高抗逆性。适量的追肥可以增强柿树的抗病虫害和抗逆能力。充足的养分供应能够增强柿树的免疫力和抵抗力，减少柿树因病虫和环境胁迫所造成的损害。

总之，柿园追肥是确保柿树健康生长和高产的重要措施。适量、科学、及时地追肥可以提供充足的养分，促进柿树的生长和发育，改善果实品质，增加产量，并提高柿树的抗逆性。追肥的实施需要根据柿树的需求和土壤状况进行合理规划和管理，以达到良好的效果。

（2）注意事项。在进行柿园追肥时，需要注意以下几个方面。

①准确判断养分需求。不同生长阶段和品种的柿树对养分的需求不同，追肥时要结合柿树的生长状态和叶片的营养状态来判断养分的需求量和比例。根据土壤养分测试结果进行科学合理的施肥，避免浪费和过量施肥。

②合理选用肥料。根据柿树需求和土壤状况，选择合适的有机肥料、矿质肥料或复合肥料进行追肥。有机肥料可以改善土壤质量，提高土壤保水能力和养分供应能力；矿质肥料可以迅速补充养分，满足柿树迅速生长的需求。

③选择合适的施肥方法。要根据根系分布的状况确定施肥的位置和深度。平地柿园土层厚、根系分布深，要深施；山地柿园土层浅，根系分布不深，要浅施。

④分期追肥。一般追肥分为春季追肥、花前追肥、落花后追肥、果实膨大期追肥等不同阶段。根据柿树的生长周期和不同阶段对养分的需求，分阶段进行追肥，以满足柿树在不同生长阶段的养分需求。

一般1年进行2次追肥，第1次在枝条枯顶期至开花前进行，及时供给氮肥，合理配合施入磷钾肥和微量元素，以利有机营养物质积累。第2次在7月上、中旬生理落果后进行。这两个时期追肥可避免刺激枝叶过分生长而引起落花落果，亦可提高坐果率，促进果实生长和花芽分化，并能增加来年花量，为下年丰产打下基础。

（3）叶面追肥。叶面追肥又称根外追肥。叶面追肥是指将肥料以溶液形式喷洒在植物叶片上，通过叶片表面的气孔和叶片细胞的吸收作用，将养分吸收到植物体内。叶面追肥的肥料溶液通常要经过稀释和加工处理，以提高其吸收效率和安全性。

叶面追肥能够快速为植物提供养分，在植物生长和发育过程中发挥着重要作用。叶面追肥时，养分溶液直接接触到叶片，无须经过土壤吸收和根系传输，养分就能够被迅速吸收和利用。这有利于迅速满足植物的养分需求，尤其是在关键生长阶段和应急情况下。

叶面喷施应选择无风天气，在上午10时以前或

叶面追肥

下午5时以后进行，避免高温使肥液浓缩发生药害，注意不要把酸性和碱性肥料（或农药）混在一起喷布，以防降低效果。常见的叶面施肥种类和配方见表5-1。

表5-1　常见的叶面施肥种类及浓度

叶面施肥种类	浓度
尿素	0.3%～0.5%
硫酸铵 硝酸铵	0.3%
硫酸钾 硝酸钾 过磷酸钙	0.5%
草木灰	1%～4%
柠檬酸钾 硫酸亚铁 硫酸锌 硫酸锰 硫酸镁	0.05%～0.1%
硫酸铜	0.01%～0.02%

三、施肥量

施肥量要依据树势强弱、树龄大小、产量多少和土壤肥力等具体情况确定。一般老树、弱树、病树、结果多的树和瘠薄地、沙壤地应多施，肥沃的土壤及幼树、生长旺盛的树、结果少的树可少施。柿树具体施肥标准及施肥时期见表5-2、表5-3。

表5-2　柿树丰产优质栽培每亩施肥标准

单位：kg

产量	肥沃土壤			普通土壤			贫瘠土壤		
	氮 (N)	磷 (P_2O_5)	钾 (K_2O)	氮 (N)	磷 (P_2O_5)	钾 (K_2O)	氮 (N)	磷 (P_2O_5)	钾 (K_2O)
500	4.3	2.6	4.3	6.6	4.0	6.6	10.3	6.0	10.3
1 000	4.6	2.6	4.6	7.3	4.3	7.3	11.3	6.6	11.3
2 000	5.0	3.0	5.0	8.0	5.0	8.0	12.3	7.3	12.3
2 500	6.3	3.7	6.3	9.3	5.6	9.3	14.0	8.3	14.0
3 000	6.6	4.0	6.6	9.6	6.0	9.6	14.6	9.0	14.6

表5-3　不同树龄柿树施肥方法

树龄	45%高氮低磷高钾复合肥	其他肥
初果期	春季3月中旬每亩施30～50kg；果实膨大期6月中、下旬每亩施30kg左右；8～9月每亩施50kg左右	春季3月中旬每亩施硅钙镁钾肥（或硅钙镁肥）50～75kg，精制有机肥100～150kg；8～9月每亩约施腐熟纯鸡粪肥或羊粪肥1.5m³
盛果期	春季3月中旬每亩约施50kg；果实膨大期6月中、下旬每亩约施75kg；8～9月每亩约施75kg	春季3月中旬每亩施硅钙镁钾肥（或硅钙镁肥）75～100kg，精制有机肥200～300kg；8～9月每亩施腐熟纯鸡粪肥或羊粪肥2～3m³

四、施肥方法

根系的密度和分布与施肥关系密切。把肥料施在根系（特别是细根）集中分布层是科学施肥的重要原则。主要施肥方式如下。

1.**环状施肥** 环状施肥特别适用于幼树基肥。在树冠外沿20～30cm处挖宽40～50cm，深50～60cm的环状沟，把有机肥与土按1∶3的比例和一定量的化肥混匀后填入。随树冠扩大，环状逐年向外扩展。此法操作简便，但断根较多。

2.**条状施肥** 在树的行间或株间隔行开沟施肥，沟宽、沟深同环状施肥，此法适于密植园。

条状施肥

开条状沟

3.**辐射状施肥** 从树冠边缘向里开50cm深、30～40cm宽的条沟（行间或株间），或从距树干50cm处开始挖放射沟，内膛沟约20cm深，20cm宽，树冠边缘沟约40cm深、40cm宽，每株3～6个穴，依树体大小而定。然后将有机肥、铡碎的秸秆与土混合，根据树的大小可再向沟中追施适量氮肥和磷肥，根据土壤养分状况可再向沟中加入适量的硫酸亚铁、硫酸锌、硼砂等，然后灌水，最好再覆膜。

4.**穴贮肥水、地膜覆盖法** 3月上旬至4月上旬整好树盘后，在树冠外沿挖深35cm、直径30cm的穴。穴中加一直径20cm的草把（先用水泡透），高度低于地面5cm。穴内灌4kg营养液。穴的数量视树冠大小而定，一般5～10年生树挖2～4个穴，10年以上的树挖6～8个穴。然后覆膜，将穴中心的地膜破一个洞，平时用石块封住防止蒸发。由于穴低于地面5cm，降雨时雨水可流入穴中，如雨水不足，每半个月浇水一次，进入雨季后停止灌水，在花芽分化期可再灌一次营养液。这种追肥方法断根少，肥料施用集中，减少了土壤对养分的固定作用，并且草把可吸附一部分肥料，将肥料逐渐释放，从而延长了肥料作用时间，且草把腐烂后又可增加土壤有机质含量。此法比一般的土壤追肥可少用一半肥料，是一种经济有效的施肥方法，增产效应大，施肥穴每隔1～2年改动一次位置。

5.全园施肥　此法适于根系已经布满全园的成龄树或密植园，先将肥料均匀地撒入柿园，再翻入土中。缺点是施肥较浅（20cm左右），易导致根系上浮，降低根系对不良环境的抗性。最好与放射状施肥交替施用。

第三节　水分管理

柿树生理上并不耐旱，生产上表现出的耐旱性主要是由成年柿树发达的根系所致。幼树期需要加强水分管理，否则会影响树体的生长和发育，出现根系生长停滞、吸收能力降低、光合作用减弱、枝叶生长减慢、落花落果加重、果实发育不良，甚至造成日灼、落叶等现象。

一、灌水时期

一般北方干旱地区，结果多的年份要多浇一些水，结果少的年份可相对减少灌水次数和灌水量。灌水时期视土壤干旱情况、土壤的水分含量和气候情况而定。在柿树需水的3个关键时期应注意灌水：萌芽前浇水可促进枝叶生长及花器官发育；开花前后灌水有利于坐果，防止落花落果；果实膨大期浇水有利于果实生长发育，增加产量。施肥后也要灌水，以促进养分被及时吸收利用。有条件的可采用水肥一体化设施。柿树灌水应考虑季节和降水量。一般在冬前灌1次封冻水，提高树体抗寒能力；春季干旱或多风少雨时，可在萌芽前和开花前、后各灌1次水；7—8月果实膨大期若雨量偏少，可再灌1～2次水。每次灌水可结合施肥进行，每次灌水后要及时松土除草。

二、灌水量

灌水量受多种因素影响，掌握好适宜的灌水量对柿树根系生长和树体生长均有利。一般是浇透水，以平地浸湿土层1m左右、山地浸湿土层0.8～1.0m为宜。

三、灌水方法

柿园常见的灌水方法很多，通常取决于柿树的品种、生长阶段、土壤条件和气候状况。常见的灌溉方法有：雨水灌溉、地面灌溉、喷灌、滴灌、集雨灌溉、循环灌溉、漫灌、沟灌等。

水源充足时常用漫灌和沟灌，这两种方法简单，投资少，但用水量大，浪费水资源，且土壤易板结。一般在缺水地区采用穴灌法。随着标准化栽培技术的发展，水肥一体化滴灌技术已经在柿园的水肥管理中得到应用，但设备成本较高。

如果柿园位于降雨量充足的地区，雨水灌溉是一种经济、可持续的选择。它利用自然降雨滋润柿树，减少了灌溉成本，需要根据降水量和柿树的需水量进行合理规划，避免因降雨不足或过多影响柿树生长。

地面灌溉是最常见的柿园灌溉方法之一。通过在柿树周围的土地上铺设灌溉管道，将水直接送入地面。土壤可以吸收和保持水分，以满足柿树的需水量。地面灌溉可以手动或自动进行，相对容易管理和控制灌溉水量，适用于各种柿树品种和土壤类型，建设和维护成本较低，但需要较多的劳动力和物力投入。

地面灌溉

喷灌是通过喷头或微喷头将水均匀地喷洒在柿树上方，使水以细雾状覆盖柿树。这种方法适用于需要均匀湿润的柿园，可以节省

喷灌

滴灌

水量并避免土壤侵蚀。

滴灌是在柿树根系周围的土壤中设置滴灌管，通过滴水器缓慢滴出水分，直接供应给柿树的根系。这种方法可以实现精确的灌溉，减少水分蒸发和浪费，提高水的利用效率。

集雨灌溉是将雨水从屋顶或其他表面收集起来，然后存储并用于灌溉柿园。它可以节约水资源，尤其适用于干旱地区和缺乏可靠水源的地方。

循环灌溉是指在柿树根区循环利用灌溉水。灌溉水通过柿树根区后被收集，经过过滤和净化后再次供应给柿树。这种方法可以最大限度地减少水资源的使用并保持土壤湿度。

无论采用哪种灌溉方法，柿园灌溉都应根据柿树的需水量、土壤湿度、气候条件和水资源可用性进行合理的调控和管理。通过科学合理的灌溉，可以促进柿树的生长，并提高产量，同时节约水资源并保护环境。

综上所述，柿园土肥水管理是确保柿树健康生长和高产的关键因素。通过合理的土壤管理、施肥管理和水分管理，可以提供充足的养分和水分，改善土壤质量，增加柿树的产量和品质。柿园管理者应根据具体情况，合理制定土肥水管理方案，并根据柿树的生长状况进行及时调整和管理。

第六章　柿整形修剪

第一节　整形修剪的目的和作用

　　整形的目的是根据树体生长特性、当地环境条件和栽培技术，科学地培养出理想的高产树形。修剪是在整形的基础上，人为地处理不必要的枝条，一般以冬季11—12月采果后的休眠期修剪为主，并在生长季结合抹芽、摘心、疏枝等辅助技术对树体实施调节管理。

　　整形修剪可促进果树提早结果、提高产量，并确保连年高产。通过合理修剪，可以控制树体的顶端优势和枝芽特性，调节养分和水分的分配，从而使果树各部分通风透光良好，有利于果实的生长和发育。通过整形修剪，可培养出结构良好、骨架牢固、大小整齐的树冠，形成合适的栽培距离，使树体在便于管理和减少人工投入的同时，具有较强的结果能力和负载能力。

第二节　整形修剪的发展趋势

　　我国为世界上最大的柿生产国，栽培面积和产量均居世界首位。柿树自古以来就在我国广泛栽培，其历史可以追溯到数千年前。在我国古代，柿树常被种植在庭院、寺庙和园林中，既作为观赏植物，又作为果树供人们食用。随着时间的推移，柿树的栽培技术也逐渐发展完善，形成了独特的栽培体系和修剪方法。同时，柿树的栽培也逐渐向规模化、产业化方向发展，为农民带来了可观的经济效益。

一、我国柿栽培制度的演变

长期以来，由于受到社会生产力发展水平的限制以及生产目标的制约，我国柿生产经历了从自然放任栽培、乔冠稀植栽培到矮化密植栽培再到现代柿栽培的演变，柿树形也由传统的高、大、圆、稀转变为现代的矮、小、扁、密，伴随着这些演变进程，在现代农业生产的大背景下，许多轻简、省力的栽培技术在产业中得到广泛应用，有效提高了我国柿产业的生产技术水平。

1. 自然放任栽培　1949年以前，我国柿主要为放任栽培，散生于山野坡地、田边地角、房前屋后以及道路两旁，任其自然生产。主要的树形为自然圆头形、自然圆锥形以及自然圆筒形，特征为冠层高大，树高一般为5～10m，冠幅大，枝叶繁密，导致通风透光不良，内膛郁闭，结果部位外移和上移。该模式单位面积产量极低，大小年现象严重，且病虫害多，果实品质低劣。这种原始的柿栽培模式已经被淘汰。

2. 乔冠稀植栽培　1949年以后至20世纪80年代中后期，果树"上山下滩"、柿粮间作、以果代粮、木本粮油相关政策的实施，使我国柿产业处于大发展时期，特别是黄河流域地区柿生产规模扩张迅猛，华北、西北地区涌现出了一批柿树山、柿树坡、柿树滩，不仅解决了果树与粮棉争地的矛盾，也为柿产业的持续发展开辟了新的途径。这一时期柿树的生产模式为乔冠稀植栽培模式，树形主要为疏散分层形、自然半圆形以及主干形。这些树形特点为：栽植密度低，株行距为（4～6）m×（5～6）m，栽植密度为每公顷270～495株；树体高大，冠层高、大、圆，生产目标追求高产量，数量即为效益。

该模式下柿树形自身的缺陷是明显的：乔冠稀植培养树冠年限长，需要6～8年，树形分枝级次多，整形修剪技术复杂，要求高；

开始结果晚，栽后6～7年开始结果，且早期产量低，增产慢；树冠大，树势旺，树冠郁闭，光照不良；人工投入多，果园打药、采收等日常管理困难，栽培管理水平较低，果园土壤管理、花果管理以及病虫害防治基本处于"半放任"状态；柿园大小年较为明显，单位面积产量较低，果实品质较差。

3.矮化密植栽培　20世纪90年代以来，随着我国社会生产力水平的不断提高，受劳动力成本快速提高和果园生产资料上涨等成本因素的制约，我国新建的集约化柿园采用矮化密植栽培模式，特别是浙江诸暨、云南保山、湖北建始等南方柿区的甜柿生产均采用该模式。主要树形为自然开心形、小冠疏层形以及变则主干形。树形特点为：栽植密度高，部分采取计划密植的方式，栽植密度为每公顷666～1 250株，株行距为（2～3）m×（4～5）m；树体较为矮小，冠层矮、小、扁。该模式栽培管理水平较高，通过诸如整形修剪、肥水调控等人工矮化技术控制柿树的冠高及冠幅，栽后4～5年即可进入初果期，见效快，单位面积产量高。该模式下植株矮、分枝少，行距宽，株距密，便于果园专业机械的使用；同时树形的骨干枝级次少，修剪量减少，客观上起到减少劳动力投入的作用，便于标准化作业。生产目标追求高产量以及高品质，特别是甜柿的生产目标，应兼顾数量和质量。

该模式的主要缺点是由于栽植密度大，部分柿园往往盛果初期就封行，树冠覆盖率在95%以上，柿园群体郁闭，通风透光性差，使柿果品质变差；同时，由于缺乏与该模式配套的矮化品种及矮化砧木，柿树生长势强旺，枝量大，控冠困难，盛果期以后的树体急需进行控冠改形或者间伐，减少单位面积的柿树枝叶分布，打开行间通道。

4.现代柿栽培　现代柿栽培延续宽行密株矮化栽培模式，但该模式下的柿园群体树形更加简化、修剪简单、技术简洁、管理方便、果品优质。该模式下的柿更多采用果园机械化操作，管控人工劳力成本，节约生产资料。在现阶段没有解决柿树矮化品种以及矮化砧木的前提下，更多地应用人工控冠技术，辅之以综合配套技术措施，提高生产效率。

二、柿园合理的群体结构

柿园群体结构由柿树个体组成，由于立地条件、栽培制度、整形修剪方式以及品种特性的不同而表现出不同的结构类型。密植条件下的成年柿园合理的群体结构为树冠覆盖率的70%～85%，叶面积系数4.0～5.5，每公顷留枝量90万条左右，行间留出1.0～1.2m的作业道，株间允许10%～15%的交接，树冠交接率小于10%，并且树龄结构合理，树体健壮，个体结构整齐一致。

三、柿修剪制度的更新

1.改冬季修剪为四季修剪　柿为高大的落叶乔木，寿命长，生长强旺，树冠高大。传统整形修剪只重视冬剪，而忽视四季修剪。冬季修剪以疏枝和回缩为主，许多强旺的1年生发育枝被去除，不仅浪费营养，而且枝条角度难开张，花芽难形成，影响整形。现代柿密植条件下，修剪制度从冬季修剪改为四季修剪，即冬疏枝、春调芽、夏控梢、秋整形，综合应用拉、刻、剥等技术措施，合理分配冠层空间，有效促进花芽形成，提高果实品质。

冬疏枝主要疏除冠内弱枝、外围竞争枝、背上徒长枝和过旺过强枝；春调芽可用刻、涂、抹等方法，刻芽（涂生长素）补空，抹除剪口附近、位置不当的萌芽；夏控梢在5月中旬至6月中、下旬，及时疏除密挤梢，用牙签撑开直立旺梢或者扭梢，拉平特旺长梢；秋整形在7月以后进行，对扰乱树形、角度小的1～2年生旺枝，采用拉、撑、吊等方法，开张枝条角度，改善光照、促进果实生长和花芽分化，以培养骨干枝。

2.改重剪为轻剪　柿传统的树形高大，多主、多侧、多级次、多分枝，外围长势旺、枝条多，内膛由于光照条件差，细弱枝多，结果母枝少且弱，内外矛盾难以调控。修剪方法是短截外围延长枝，以此培养具有领头枝的结果枝组。更新修剪方法主要是短截、回缩，经过多次短截、回缩的枝组生长势弱，营养输送线路曲折多阻，造成树体早衰，果实品质差。现代密植柿园的修剪改重剪为轻剪，通过长枝甩放、拉枝等措施培养单轴延伸的结果枝群，修剪时注重维持单轴延伸走势；枝组更新的理念不是短截，而是替换，单轴结果枝连续结果5～6年，通过预备枝的培养进行大枝更替。

第三节　对现有树形的评说

一、自然开心形

自然开心形的树形为：主枝数以3个为宜，也有2个主枝的树形。若主枝3个以上时，成龄以后树冠显得非常紊乱，无法改造。生

自然开心形树形

A.3主枝　B.2主枝

长势强的品种在肥沃地块栽培时，3个主枝的树势稳定早。为了机械作业方便，路边的柿树以2个主枝为宜。

整形要点：主枝位置高低对枝条伸长和树势的影响很大，位置低的生长势强，位置高的生长势弱。主干的高低取决于经营方式、机械化程度、坡度、地力等情况。一般平地栽培的柿树，主干距地面40～60cm为宜，主枝间距离不宜太近，太近会造成"卡脖"现象，不仅主干容易劈裂，而且树液流动不畅，树冠内枝条也容易紊乱。第1主枝与第2主枝的间隔距离40cm左右，第2主枝与第3主枝之间距离20cm以上。坡地栽培的柿树，主干以距地面30～40cm为宜。

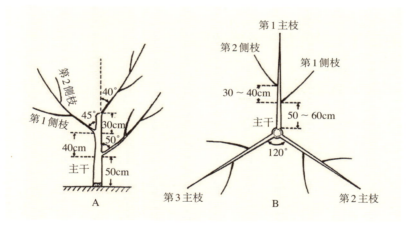

自然开心形树体结构

A.垂直结构　B.水平结构

主枝水平分布每两枝夹角为120°。为了树冠在园内均匀分布，奇数行的每株树的第1主枝都要朝一个方向，偶数行的第3主枝都朝另一个方向。坡地栽培的甜柿，为了便于管理，第1主枝应朝下坡方向，这样树冠低，第3主枝生长也健壮。

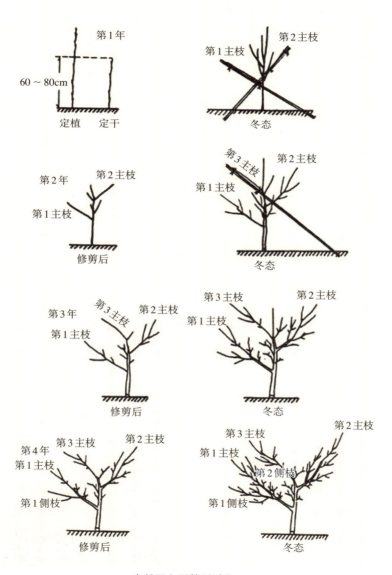

第1年　　定植　定干　60～80cm

第1主枝　第2主枝　冬态

第2年　第2主枝　第1主枝　修剪后

第3主枝　第2主枝　第1主枝　冬态

第3年　第3主枝　第2主枝　第1主枝　修剪后

第3主枝　第2主枝　第1主枝　冬态

第4年　第3主枝　第2主枝　第1主枝　第1侧枝　修剪后

第3主枝　第2主枝　第1主枝　第2侧枝　第1侧枝　冬态

自然开心形整形过程

随着树的长大，结果量不断增加，主枝的负担日益加重。成枝角太小的柿树基部常受粗皮阻隔，结合不牢，负担过重容易劈裂。从实践经验来看，第1主枝成枝角须达50°以上，第2主枝45°以上，第3主枝40°以上为宜。下部主枝比上部的生长势要强，所以角度要大。

每个主枝上的侧枝以2个为宜。第1侧枝的位置，不能太靠近主枝基部，一般要距基部50cm以上；第2侧枝的位置应距第1侧枝30cm以上。侧枝应选侧面萌发而成的壮枝培养。

在主枝和侧枝上培养的结果枝组或结果母枝的数量多少、配置是否得当，是结果量多少的基础。其数量多少应视主枝或侧枝的生长势而定，位置、方向要互相错开。从两侧着生的芽萌发而成的结果枝组或结果母枝最好。

二、变则主干形

主干高80cm左右，树高3m左右。第1层具3个主枝，每枝着生2个侧枝；第2层有1～2个主枝，主枝上直接着生枝组。通常是由小冠分层形或主干疏层形落头改造后形成的永久性树冠。

整形要点：一般由4～5个主枝组成，随着管理水平的提高，逐渐推行低冠栽培，除土层深厚栽植的树势特强的品种外，以4个主枝为好。主干比自然开心形的高，间隔距离也较宽。开

变则主干形

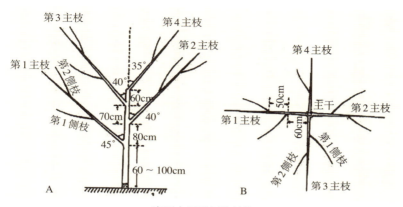

变则主干形树体结构

A.垂直结构 B.水平结构

始留主枝时,不必像自然开心形那样明确,可以多留几个,逐年选留,5～7年形成骨架。主枝不要重叠,也不能平行。第1与第2主枝、第3与第4主枝均成180°,4个主枝呈"十"字形排列。为了防止劈裂,要选成枝角大的作主枝,因主枝的间隔距离大,尽量挑选理想的枝条作主枝。一个主枝上留1～2个侧枝,全树有7个左右的侧枝即可。位置与角度可参照自然开心形。当最后一个主枝选定以后,在其上方锯去中央领导干,这样便完成了变则主干形的整形,完成整形需5～8年。

三、倒"人"字形

适于树冠开张形的品种及株行距(2～3)m×(5～6)m的柿园。树体结构:干高40～60cm,树高控制在2.5～3.0m;2个主枝,主枝长2.5～3.0m,成枝角45°以上;距基部30～50cm留1个侧枝,间隔30～50cm的另一侧再留1个侧枝。侧枝数量依行距大小而定。

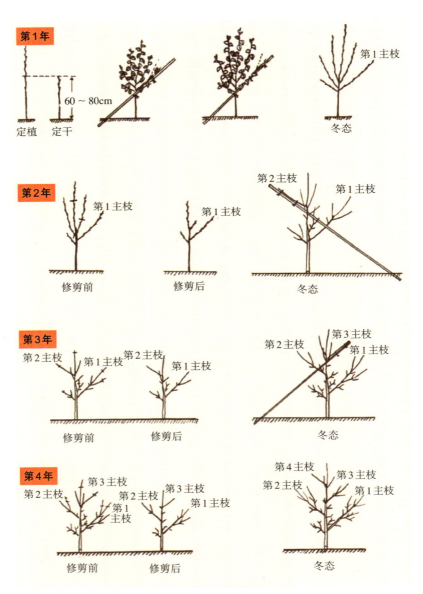

第1年 定植 定干 60～80cm 第1主枝 冬态

第2年 修剪前 第1主枝 修剪后 第1主枝 第2主枝 第1主枝 冬态

第3年 第2主枝 第1主枝 修剪前 第2主枝 第1主枝 修剪后 第2主枝 第3主枝 第1主枝 冬态

第4年 第2主枝 第3主枝 第1主枝 修剪前 第2主枝 第3主枝 第1主枝 修剪后 第4主枝 第2主枝 第3主枝 第1主枝 冬态

变则主干形整形过程

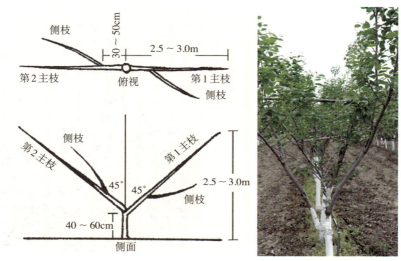

倒"人"字形树体结构

　　倒"人"字形适宜宽行密株，在整形前几年，主枝最好用固定的支架诱引，成形以后可去支架。全过程要防止背上枝生长过旺。

四、三主枝一心形

　　三主枝一心形有中心干，在中心干上错落着生3个主枝，每个主枝分布2～3个侧枝，侧枝上着生结果枝组。中心干上部不留主枝，直接着生6～8个结果枝组。该树形内膛通风透光良好，结果母枝分布均匀，树势均衡，枝条强壮，挂果稳定。

三主枝一心形

五、主干形

主干形树高一般为3m左右，干高一般有80～100cm，中心干上一般有8～10个主枝，各主枝在主干上均匀错落，主枝角度一般拉至60°～70°。在各主枝上培养大、中型较为固定的结果枝组，结果枝组一般树冠下层稍大，树冠上层较小。

主干形

六、主干疏层形

对于干性较强、顶端优势明显、分枝少、树势直立的品种多用此树形，如磨盘柿、眉县牛心柿等。其结构特点是：干高1m左右，主枝在中心干上成层分布，共3～4层，第1层主枝3～4个，第2层主枝2～3个，第3层主枝1～2个；树高4～6m，主枝层内距为30～40cm，层间距60～70cm；各主枝上着生侧枝，侧枝上再生枝组。

整形要点：柿树定植后定干，定干高度80cm，剪口下要有5～6个饱满芽。春季萌芽后，整形带以下要及时除萌，新梢达60cm长时选方位和角度合适的3个健壮新梢作为第1层主枝并及时开角，其余新梢拿枝拉平。

第1年冬剪，中心干留100cm左右剪截，注意剪口芽的方位。第1层主枝选健壮外芽留50cm剪截，促进主枝生长并将其培养成大型结果枝组，继续扩冠。生长季按第1年的方法培养第2层主枝，注意大型结果枝组培养，利用好辅养枝，除骨干枝外其他枝及时疏密、摘心、拿枝。

第2年冬剪，中心干延长枝剪留100cm左右，各主枝剪留50cm，疏除竞争枝、密生枝，短截其他枝条，培养结果枝组。按以前的方法培养第3层主枝。

第3年冬剪，将第3层主枝上的中心干剪除，主枝、延长枝各剪留50～60cm，培养相应位置的结果枝组。

第4年继续扩大树冠，第5年基本完成树形整形。

七、纺锤形

纺锤形在中心干上均匀错落着生6～8个大中型结果枝组，结果枝组下部稍大、上部较小。该树形树体成形快、丰产早，但通风透光条件差，管理不当易造成枝条紊乱。纺锤形由于密度大、枝条重叠多，修剪过程中需要的技术含量高，在柿炭疽病发生普遍的地区不提倡使用。

生产中柿树整形时应根据品种的干性和顶端优势的强弱确定合适的树形。对于干性较强、顶端优势明显、分枝较少、树姿较为直立的品种，如磨盘柿、牛心柿、火柿和莲花柿等，整形时应注意开张骨干枝的角度，防止出现上强下弱的不良现象，此类品种适宜采用主干疏层形。而另外的一些品种，如水柿、铜盘柿和富有柿等，因其干性较弱、顶端优势不太明显、分枝较多、树姿较为开张，故宜采用自然圆头形或自然开心形。另外，还要注意根据栽培模式和管理水平进行选择。

无论哪种树形，一经确定，其基本树形就很难改变，但树体结构可以随着树龄的增长和生长变化进行适当调整。例如，在幼树期至初果期可采用多主枝、光照条件好的小冠分层形结构（6个主枝，树高3.5～4m），利于迅速增加枝量；到盛果初期时可调整为少主枝的变则主干形结构（5个主枝，树高3m）；盛果后期再调整为开心形结构（3个主枝，树高2～2.5m），利于树体矮化和内膛结果。但要注意根据枝组空间状况逐步调整，不宜一次修剪量过大，如把小冠分层形直接改造成三主枝开心形，就会打破树体营养生长和生殖生长的平衡关系，不能获得稳定的产量，并会造成三主枝的直立旺长。

第四节　休眠期修剪

传统栽培的柿树，放任生长，骨干枝紊乱，结构不合理，内膛空虚，结果部位外移，呈伞形结果，树体高大，难于管理。在现代化柿树栽培中，整形修剪是重要的一环。整形修剪应按品种特性，结合立地条件进行人工诱导，使各主、侧枝合理布局，定向发展，形成牢固丰产的骨架。通过修剪调节树势，充分利用空间，提高光能利用率，集中营养，增加产量，改善品质，还能将树冠控制在一定范围内，便于操作管理。柿树修剪前必须了解柿树的生长特性，明确柿树各种枝条类型。

一、柿树枝叶的生长特性

柿树年生长期内有2～3次生长，常发生二次梢，停止生长晚；顶端优势明显，分枝能力强，分枝角度小，树势强健；树冠直立，层性明显，有较强的中心干，从苗木定植至开始结果一般需3～4年。

1.幼树直立，分枝角小，容易劈裂　幼树生长旺盛，分枝角小，容易劈裂，萌发的枝条长，停止生长晚，而且常有二次生长。用坐地苗嫁接的柿树因根系大，地上部生长更旺，发枝多，易徒长，基角小。成枝角小的枝条，几年后虽然已经变粗，外表上看起来很结实，实际上分枝处是腐朽的，遇到风暴的压力或负担过重时容易劈裂。在修剪时，要采取诱枝、拉枝、去直留斜等方法开张枝条伸展的角度，并留下预备枝，以免主枝折断后造成不可挽回的损失。

成枝角小易劈裂

2.柿树喜光，遮蔽处枝条易枯　柿树叶大喜光，当直射光照不足时，枝条贮藏养分不足，冬季容易抽干，开春后不发芽，枝条枯死、脱落，使下部枝干光秃，结果部位外移。修剪时要注意通风透光，尤其是密植园。妥善处理重叠枝、交叉枝和密生枝，使枝条透光，叶幕不能太厚，避免相互遮阴，以中午阳光照到地面呈花影为宜。

3.隐芽寿命长，受刺激极易萌发　柿的隐芽寿命很长，受到刺激便能萌发，特别是副芽形成的隐芽更容易萌发。在修剪时可利用这一特性，改造树形或更新枝条。隐芽的生长势和萌生数量与所处位置有关，粗枝和斜伸枝的上位芽容易萌生徒长枝，适宜摘心补空，在3～4年生小枝上或斜伸枝的侧位芽萌生的茁壮枝条最适宜结果母枝更新。

枯枝与隐芽

A.下部枝枯死　　B.隐芽萌发状

4.地上地下的平衡一旦被破坏，会向新的平衡方向发展　柿树也和其他果树一样，地上部和地下部的根系大小成正比，一旦平衡被破坏，会向新的平衡方向发展。例如起苗时根被挖断，根系缩小，定植以后，抽生的枝叶短小，根系损伤越多，枝叶越短小；相反，当坐地苗嫁接时，根部没有受损，而地上部缩小了，之后接穗萌生的新梢生长旺盛，枝长叶大，根系越大枝叶生长量越多。在重剪时也表现出这一特性，因此可以用于衰老树的更新。

开始结果后，骨干枝逐渐形成，树冠迅速扩大，枝条的开张角度逐渐加大，营养生长有所减缓，生殖生长增强，但仍保持较旺盛的生长势。10年生左右的柿树，树冠基本形成并逐渐开张，结果量逐年增加。15年生左右的柿树，随着树龄的增长和结果数量的增加，枝叶生长量逐渐减少，骨干枝的离心生长减缓，大枝出现弯曲，树冠下部枝条和大枝先端下垂，骨干枝的延长枝和其他新梢在外部形态上已经没有太大的区别，产量达到最高峰，但管理不当容易出现大小年结果现象。之后随柿树的生长，骨干枝基部的细枝开始枯萎死亡，内膛逐渐空虚，结果部位外移，结果枝生长量减少、枝短而脆弱，出现交替结果现象。在大枝逐渐下垂的同时，内膛发生更新枝，新枝可代替老枝，向前延伸生长，如此循环几代以后，柿树便逐渐进入衰老期。

柿树的更新强度比其他果树大，更新次数多。由于柿树末级枝寿命短，结果后又易衰老，潜伏芽寿命长，极易萌发更新枝，因此，柿树修剪时，应注意更新，保持健壮树势，延长结果年限。

二、优势与劣势

柿树的优势与劣势相差悬殊。

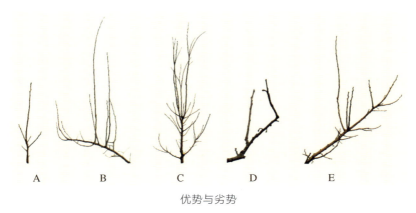

优势与劣势

A.顶端优势与侧位劣势　B.上位优势与下位劣势　C.粗枝优势与细枝劣势
D.挺直优势与曲折劣势　E.垂直优势与水平劣势

1.顶端优势与侧位劣势　直立的枝或斜伸枝上，顶芽萌生的枝条粗壮，生长势强，侧芽萌生的枝条较细弱。

2.上位优势与下位劣势　斜伸的枝条上位芽萌生的新梢粗长，侧位或下位芽萌生的新梢比较细弱。

3.粗枝优势与细枝劣势　粗枝的养分多，细枝的养分少。粗枝上萌发的隐芽往往成为徒长枝，而在细枝上萌生的成为结果枝或发育枝。

4.挺直优势与曲折劣势　挺直的枝条养分输送顺畅，生长势旺；曲折的枝条养分输送不畅，生长势较弱。

5.垂直优势与水平劣势　茎的生长点有背地性，表现了垂直优势，如果将枝条拉成倾斜或拉平，生长势明显减弱。同是顶芽萌发的枝条，直立枝上萌生的新梢的生长势较斜生枝萌生的强。

上述特性若能正确、灵活应用，可以调节树势，增加产量。

三、修剪的相关概念和方法

1.修剪的相关概念

（1）树体骨架。

主干：从地面到第1个分枝的树干部分。

领导干：在主干以上，生分枝的中央树干部分。

主枝：由领导干上着生的一级分枝，其上能萌生侧枝、结果枝组等，是起主要作用的骨干枝。

侧枝：在主枝上萌生的分枝，其上产生结果枝组、结果母枝和营养枝等，也是骨干枝之一。

结果枝组：在主枝或侧枝上着生，其上着生许多结果母枝。

（2）芽。

①以在枝条上着生位置区分。

伪顶芽：位于枝条的顶端，因枝条停止生长时，生长点枯死，最上面的侧芽代替了顶芽。

侧芽：除伪顶芽外的其他生在叶腋的芽。

②以在同一芽中所处的位置区分。

副芽：位于鳞片下，因被鳞片所包，平时看不到，一般品种此芽不萌发，当主芽受伤时便萌发。

　　主芽：位于芽的正中，芽尖常露出鳞片外面，是每年抽生新梢的芽。

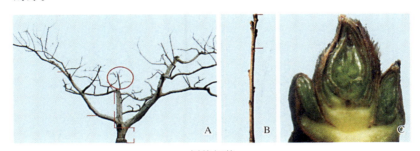

树体与芽

A.树体骨架　B.芽　C.主芽与副芽

　　③以芽的饱满程度区分。

　　饱满芽：芽子大而饱满，位于枝条上部，多数品种的芽尖裸露。

　　次饱满芽：位于枝条中下部，仅见鳞片。

　　瘪芽：位于枝条下部，很小，微露鳞片。

2.修剪方法

　　短截：剪去枝条一部分先端的方法称短截。根据剪去部分的多少，分轻剪、中截、重截三种。

　　疏剪：自枝条基部剪除的方法称疏剪。

　　长放：长度在50cm以上的一年生枝条，保持其原状，称长放。长放能缓和树势，促生结果母枝，长放枝条之间的距离不能太近，要留出足够的生长空间。

　　回缩：对多年生枝进行短截的方法称回缩。

3.修剪原则

　　去老留新：去除生长势日益衰老的枝条，剪去衰老部分，留下新生枝条，以增强树势。

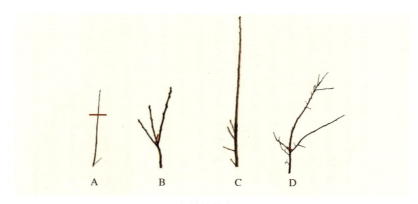

有关修剪术语

A.短截　B.疏剪　C.长放　D.回缩

去直留斜：对生长势强旺或树姿直立的树，将直立往上生长的枝条剪去，留下斜伸的枝条。以缓和树势，开张角度，增大树冠。

去密留稀：枝条密集，通风透光不良，须将过密的枝条疏去，使留下的枝条有足够的生长空间。

去强留弱：针对树势旺盛的树，欲缓和树势，须将强旺枝剪去，留下生长势较弱的枝条，使营养生长转为生殖生长。

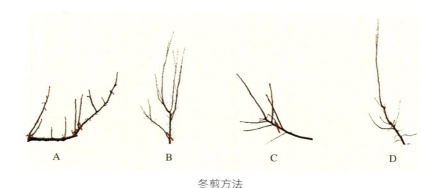

冬剪方法

A.去老留新　B.去直留斜　C.去密留稀　D.去强留弱

4.对扰乱树形的枝条的处理　修剪时需要处理扰乱树形的枝条，如穿膛枝、竞争枝、并行枝、重叠枝及交叉枝。

穿膛枝：与枝条总趋向相背，穿过中心向另一方向伸展的枝条。处理时应从基部疏去。

竞争枝：生长势与领导枝相仿的枝条。处理这种枝条时，或把竞争枝疏去，或把原来的领导枝疏去，换成竞争枝作头。

并行枝：生长方向相同，且在同侧相邻的两个枝条。处理时去一个留一个，将方位角不理想的枝条剪去，留下方位角比较理想的枝条。

重叠枝：在同一垂直平面内、上下相互重叠而生的两个枝条。处理时去上留下。将上面枝条自基部疏去或回缩到不影响下面枝条的光照。

交叉枝：两枝方向不同而相互交叉，处理时去一留一。留下方位合适的枝条。

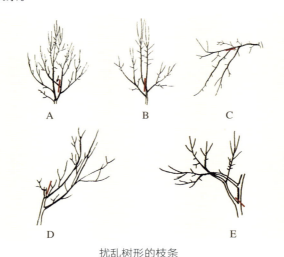

扰乱树形的枝条

A.穿膛枝　B.竞争枝　C.并行枝　D.重叠枝　E.交叉枝

柿树与核桃、苹果、桃等树木不同，枝条木质脆硬易断，缺乏韧性。在枝条尚未长粗之前，不可攀登。在整形时要留有主枝的预备枝，以免主枝被折断后，造成不可挽回的损失。结果枝也要尽量靠近骨干枝，不要选距骨干枝过远的细长枝，以免枝条因果实逐渐膨大、重量增加而折断。

对于直径在2cm以上的剪锯口，应在削光之后，用防腐剂涂抹保护，防止腐烂和开裂，利于愈合。防腐剂以尼龙胶防腐剂最好，或用油漆、接蜡、封剪油等涂抹，不过效果较差。

四、不同年龄时期柿树的整形修剪方法

1.幼树期的整形修剪 幼树结合整形进行修剪，应轻剪，主要目的是培养树形。苗木定植后，一般在苗木距地面1～1.2m处剪截定干。剪口下30～40cm的整形带要有5～6个饱满芽。定干的剪口应是略呈马蹄形的斜面，并与剪口芽有1～1.5cm的距离，不宜太近，否则会抑制剪口枝的生长。目前柿园都采取加密栽培，因此在修剪时要将永久树和加密树区别对待。

对于留作永久树的，要以整形为主，根据整形的要求，选留部位和方向合适的枝条作为主枝和侧枝。因幼树生长旺盛，生长停止较迟，顶端优势强，分枝角度小，木质脆，易折断，所以要适当多留些枝条，作为主侧枝的后备。修剪时要着重调整主侧枝的开张角度和方位角，防止树形偏斜，进而培养出牢固的骨架。首先疏去穿膛枝、交叉枝和并生枝，处理好竞争枝、重叠枝，对骨干枝的延长头一律短截，不能留果，使各级骨干枝的延长头均处于优势地位。少疏剪多短截，增加枝量并迅速扩大树冠，为早果丰产打好基础。当主枝生长牢固以后，及时将后备枝剪去，在合适的部位将领导干短截。对于不影响延长枝生长的其他枝条，可适当留下作结果枝，过密的地方疏去一

些，过长的适当回缩。对空间大的旺枝要及时摘心，促进分枝。在树形初成以后，要特别注意限制树高，枝条之间的从属关系要明确，延伸方向要与主、侧枝伸展方向保持一致，使骨架挺直，养分运输顺畅。

对于临时加密的树，以结果为主，修剪时要将扰乱树形的穿膛枝、竞争枝、并行枝、重叠枝、交叉枝正确处理，要少截多疏，保留顶芽，因为顶端数芽可能萌生结果枝，注意培养小枝使其成为结果母枝。与相邻的永久树的枝条接触时，要为永久树枝条的伸展让路，必要时将加密树间伐。

2.初果期的修剪　在修剪时，要注重平衡树势，完善树形，培养结果枝组。疏去后备主枝，明确骨架枝的从属关系，运用优势与劣势的规律来调节枝组，将其稳定成中庸偏旺的树势，继续处理好各类扰乱树形的枝条，在合适部位开心，控制树高。柿树上长度为15～30cm的健壮发育枝当年容易发育成良好的结果母枝，对这样的枝条除非过密需要疏除外，其余的都应保留，冬剪时也基本上不短截；长度为30～40cm的强壮发育枝也可以采用上述方法选留，生长在空间较大处的强发育枝可自基部以上2/3处短截，促发分枝，将其培养成大中型结果枝组。个别开花时雄花居多的品种，应疏剪一些强壮的徒长枝及弱小的枝条。一些柿树品种，结过果的果枝一般当年不会形成结果母枝，这种枝的结果部位以下没有侧芽，可以不剪截，利用果前梢顶芽的侧芽萌生新枝，或从基部剪截，剪口下留2cm左右的短桩，激发副芽萌生强枝；也有品种的结果枝有连续形成结果母枝的能力，衰弱之前可以连续利用多年。

3.盛果期的修剪　柿树成形后，树姿开张，进入盛果期，此期大枝弯曲，邻枝、邻树易交叉，结果部位外移。此期可因树修剪，随枝作形，多疏剪，少短截。盛果期柿树的发育枝形成结果母枝的能力更强，几乎所有的发育枝都可在翌年抽生结果枝。因此，控制结果母枝的数量是重点。对盛果期树要控制结果母枝的数量，调节负载量，防止产生大小年。

修剪时需注意：①疏去位置不适当的大枝、10cm以下的细弱枝和内膛过多的萌蘖，以改善通风透光条件，减少枝条枯死。②对衰弱的多年生枝适当回缩，促使后部发生健壮的新枝，以防早衰。③要加强对结果枝组的配置与更新。结果枝组在骨干枝上配置是否合理是丰产的关键。配置时，位于顶部的小，位于基部的大，使主枝或侧枝上的结果枝组无论在水平或垂直方向都呈三角形。结果枝组的修剪要放缩结合，更新复壮。衰老枝组要适当回缩。已连续结果3年以上的结果枝组，要从基部疏去，利用副芽抽生结果母枝或粗壮的发育枝，进一步培育成新的结果枝组，使结果部位尽量靠近骨干枝，便于养分输送，防止结果部位外移。④培养粗壮的结果母枝。结果母枝以30～40cm为理想长度，均匀地配置在树冠内外，在主枝、侧枝或结果枝组上排列要左右错开，结

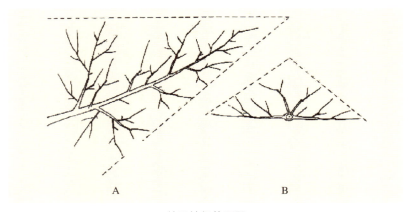

结果枝组的配置

A.结果枝组在骨干枝上排列　B.结果枝组在骨干枝上纵向排列

果母枝间的距离视结果母枝的生长势而定，粗壮的距离远些，较细的距离近些。通常同方向的结果母枝间隔30cm左右为宜。⑤控制结果母枝数量。观察树势的强弱和花芽的多少。整树结果母枝较多时，可适当疏去一部分，数量少时要尽量保留。一株树上留多少结果母枝应根据树龄、树势和栽培管理等情况而定，而后按去密留稀、去老留新、去直留斜、去远留近、去弱留强的原则进行修剪。

4.小老树的修剪　因各种原因造成树势极度衰弱、枝条细短，甚至枝枝见花、节节有花的小老树，在修剪时，先疏去无芽枝，再以去老留新、去弱留强、多年生枝回缩更新等手法进行更新复壮。对于枝枝见花、节节有花的树，如果放任不管，将会枯死，因为开花的节位是盲节，没有芽，所以必须在现蕾期进行重剪以挽救其生命。将部分枝条疏去花蕾，留下叶片制造养分，一部分枝条回缩到直径1cm以上的枝段上，促使隐芽萌发，产生新芽，供翌年萌芽抽枝。

5.放任树的修剪　北方各地栽培的柿树多在梯田边缘，管理较为粗放，也较少修剪。在放任生长的情况下，树体高大，树冠呈多种自然开心形，冠形紊乱；主干容易数枝并长；大枝后部严重光秃，角度大，下垂严重；结果枝细弱，数量极少，而且多在外围，呈伞状结果。放任树的通风透光不好，树体长势较差，产量较低，大小年现象比较严重，质量也差。

放任树的修剪应视树体具体情况而定，主要调整其骨干枝结构，改善内膛光照条件，增加内膛枝量，解决内膛和大骨干枝的光照问题。以疏、缩为主，因树改造，随枝作形，保证大枝少而不空，小枝多而不挤，合理利用空间。

树体过于高大时要落头到分枝处，尽量选择角度大、枝叶多的分枝当第1主枝。与主干齐头并进向上长的大枝过于光秃时应分年回缩，努力将其改造成大分枝或枝组。大枝过多且内膛密挤时，应分次将交叉枝、重叠枝、病虫枝、下垂衰弱枝合理去除，有空间时可留桩，培养结果枝组，尽量减少中心干大伤口，留下的大枝要合理布置空间，促生后部枝条。全树可留主枝6~8个。对疏除大枝后形成的大剪口需用农膜包扎或涂愈合剂加以保护。

对于放任生长未行修剪的幼树，要随树造型，切忌强求树形的美观。应将现有的粗枝因势利导，选留可作主枝的粗枝，疏去多余的枝条，调整枝角和方位角，逐步形成骨架，及时开心，控制树高。

对于放任生长的大树，针对其树体高大、大枝紊乱、内膛空虚、伞形结果的缺点，应逐年改造其树形。先将部位不当的穿膛枝、重叠枝、过密枝、病虫枝锯去，再将留下的大枝落头或回缩，改善通风透光条件，促使内膛隐芽萌发新枝。落头和回缩的轻重可视情况而定，原则上是上部的大枝落头重，下部的大枝回缩轻。为避免一次修剪量过大，可分年有计划地进行。

6.计划密植柿园的整形修剪　计划密植柿园应对不同的群体或单株从整形修剪方式上予以区别对待：永久行以打好基础、培养出理想的高产树形为主；临时行则实行轻剪，前期促、后期控，以早成花、早结果为主要目的。第5~7年，当相邻两行树冠要接触时，通过回缩等修剪方法控制临时行的树冠，为永久行让出枝条延伸的空间。第8年以后，当修剪难以控制时，将临时行间伐掉，使株行距为4m×6m。

第五节　生长期修剪

生长期修剪是指在植物生长活跃期，即春季萌芽后到秋后落叶前进行的修剪工作。生长期修剪是对休眠期修剪的一种辅助管理措施，主要目标是优化树形结构，提高光能利用率，促进果实产量和品质的提升。对于果树来说，生长期修剪是对果树休眠期修剪的补充、理顺和调整，是继续培养骨干枝、平衡树势和调节生长与结果关系的保证性措施。生长期修剪主要用于幼旺树上，时期要适合，方法要灵活得当，目的要明确。

在生长期修剪时，由于植物正处于生长旺盛阶段，光合作用活跃，修剪时应以轻度为主，不可大量去除枝叶，以免影响植物的光合作用和营养合成。修剪方法主要包括抹芽、摘心、捻梢、屈枝、摘叶、摘蕾、摘果等。对于老弱树，应多留枝叶，做到细致合理地疏花疏果，依势定产。

一、修剪方法

1.抹芽　在新梢萌发后至木质化前进行。将大枝的锯口附近萌生的无用芽、光秃带上的隐芽萌发的多余芽和位置不当的新梢等全部抹去，以免徒耗养分。大枝上的隐芽萌发很快，大约每隔10d需要抹芽一次。

2.摘心　有利用价值的徒长枝长达20～40cm时，应在其先端未木质化处摘心，控制生长，促使发生二次枝。到了秋天，有些品种的二次枝顶端也能形成花芽，成为结果母枝。结果枝末节花以上留2～3枚叶后摘心，促进果实长大。

3.现蕾期复剪　为了正确调节结果量和枝量，并为培养结果母枝打好基础，从现蕾后至开花前须进行补充修剪。因冬剪时不能准确判断是否是花芽，往往会多留些枝芽，现蕾之后才能确切知道是否有花，能开多少花，此时补充修剪可以正确调整枝条量和花量。当花量过多时，剪去一些枝叶并疏去过多的花蕾，以减少营养消耗，集中供给留下的枝条和花。通过复剪，能削弱顶端优势和上位优势，抑制强旺枝的生长，有利于培养结果母枝。复剪后改善通风透光条件，可提高坐果率和果实品质，减轻大小年趋势。

4.花期环剥 健壮的幼树或生长旺盛不易结果的柿树，在花期进行环状剥皮，以临时阻碍树液向下流动，可促使营养生长向生殖生长转化，是提早结果、提高坐果率的措施之一。环剥时，用刀在树干上或大枝上切去约0.5cm宽的树皮，呈环状、螺旋状、错位两半圆等形状都可以。但树势衰弱或树势已经缓和的柿树上不能进行，剥皮切忌过宽，以一周左右能愈合为宜。

5.诱枝 对幼树进行诱枝是一项开展枝角的有效措施，对树姿不开张的品种尤其重要。诱枝应在新梢木质化以前进行，可在理想角度和方向设一竿，将嫩梢宽松地缚在竿上，待新梢长至一定长度，再束缚一次，如此重复，使枝条按理想生长。

6.剪秋梢 幼树和旺树的枝条生长停止晚，先端不充实。于立秋后20d左右起将不充实部分剪去，以减少养分的消耗，促使留下的芽发育或形成结果母枝，也为下年增加发枝量打下基础。

7.疏蕾疏果 是花果管理内容，广义地说也可算作夏季修剪的内容之一。对于以培育优质大果为目标的柿园来说，是一项非常重要的工作。疏蕾应在手指刚能捏住花蕾时就开始，将畸形蕾和瘦小蕾摘去。疏果在幼果期进行，生理落果结束后确定结果量。

8.疏剪和短截相结合 疏剪是将过密、交叉、重叠的枝条从基部剪除，改善树冠的通风透光条件。短截是对部分生长过旺的枝条进行剪短，以控制其生长势，促进侧芽萌发和枝条分枝。

二、修剪时间

主要在柿树的生长旺盛期进行，具体时间因地域和气候而异。通常在春季和夏季，当新梢开始生长并展现出明显的生长趋势时，是进行修剪的最佳时机。

三、修剪对象

主要修剪生长势弱的枝条，遭受病虫害的枝条，以及交叉、重叠、徒长的枝条。这些枝条会消耗树体过多的养分，影响其他健康枝条的生长和果实的发育。

四、注意事项

修剪时要确保工具锋利，以减少对树体的伤害。同时，要避免在雨天进行修剪，以免影响修剪效果和树体健康。修剪后要做好伤口处理工作，防止病虫害的侵入。

幼树生长期生长旺盛，枝条直立，容易造成树冠郁闭，影响整形，也影响早期产量，因此生长期应采取一定的措施，以利于早成形、早丰产。幼树及高接树可结合整形在5月初至6月底适当拉枝，缓和树势，扩大树冠，改变枝条方向。生长期应及时抹除剪、锯口附近发出的萌芽以及大枝背上直立生长的多余新梢。夏季对内膛的徒长枝进行疏除或摘心补空。及时疏除徒长新枝、消灭无用旺枝以及病虫危害枝，以利通风透光，对用于补空的徒长枝应在20cm左右处摘心，促生分枝。

盛果期柿的新梢生长力较弱，夏剪剪去的部分枝叶对柿树的生长发育影响较大，因此，夏剪应尽量从轻，主要是对正在生长发育的当年生枝和芽进行处理，很少在2年生以上的枝上进行。夏季剪除无用枝可促进果实发育与翌年结果母枝的生成。除此之外，结果枝如有病虫害、落果或过分密生等现象，也需在夏季修剪时除去。在生长期还可通过扭枝、拉枝、环剥来培养粗而短的结果母枝。中晚熟品种除适期采收外，春季抽梢后疏梢1/3也能促进花芽分化，有利于实现持续丰产。

通过合理的生长期修剪，可以塑造出理想的柿树树形，提高光能利用率，促进果实产量和品质的提升。此外，生长期修剪还可以增强柿树的抗病虫害能力，延长树体的寿命。因此，在柿树栽培过程中，应重视生长期的修剪工作，为柿树的健康生长和高产稳产打下坚实基础。

第七章　柿花果管理

第一节　花果管理

一、柿开花结果特性

1.柿的花芽是混合芽　柿花分3种类型，即雌花、雄花和两性花。雌花一般单生在粗壮结果枝的叶腋处，雄蕊退化，仅生雌花的植株称为雌株，我国柿树大多数属此类型，常单性结实；雄花的雌蕊退化，簇生，多3朵为一簇，偶见2、4或5朵簇生，雄株在生产上极为少见；两性花为完全花，所结果实仅有雌花所结果实大小的1/3，结实率低，品质差，生产上应避免两性花结实，两性花柿属植物较为少见，常出现在雄株上。

柿花芽着生在枝条顶部，壮枝和结果枝上着生多，结果也多。雌花着生在结果枝的中部，雄花着生在弱枝上。一般结果母枝顶端着生2～3个混合芽，多者可达7个，混合芽次年抽生结果枝。结果枝上能着生雌花1～9个。结果枝越壮，结实率越高。

2.隔年结果现象经常发生　柿的花芽分化时，正是幼果迅速膨大时期，若养分不足，花芽分化不良，第2年结果少；第2年花芽分化时，因结果少消耗养分不多，花芽分化良好，第3年结果多。如此反复，便出现隔年结果现象。

3.生理落果多　柿生理落果大体有两个时期：第1次是开花后至7月上旬，其中以6月上、中旬落果最严重，约占落果总数的80%，称前期落果，表现为幼果连同果蒂一起脱落；第2次在8月上旬至9月中旬，称后期落果或采前落果，表现为只落果不落蒂。

造成柿生理落果的原因主要有以下几方面。

（1）品种差异和授粉不良。品种不同，生理落果程度有很大差

柿树生理落果现象

别，如大红袍、伊豆等品种落果率达80％左右，而水柿、玉环长柿等不易落果。有些品种单性结实力强，无须授粉果实也可正常发育。有些品种必须授粉果实才能发育，当缺少授粉树或花期阴雨，导致授粉、受精不良时，没有形成种子的果实几乎全部脱落，如富有、松本早生富有等。

（2）**营养不足**。柿树成花容易，开花量大，消耗养分多，花芽形成期及着生部位不同，争夺养分的能力也不同，从而造成部分花芽因养分不足，发育不良而脱落。花期和幼果期连续阴雨，光合产物不足导致部分幼果得不到足够营养而脱落。土壤贫瘠又未及时施肥，整个生长过程中严重缺肥就会大量落果，缺氮或氮肥过多都会助长落果。

（3）**土壤水分不足或变幅太大**。土壤过干或过湿，均可妨碍根系对养分的吸收，导致肥料不能被吸收利用，造成落果。土壤水分变幅过大，如久旱突遇大雨，也会造成落果。

（4）**修剪不当**。适当修剪可以使柿树树冠整齐，透光率好，有利增产。然而，修剪不当则会造成枝叶生长和果实生长争夺水分与养分，从而导致落果。

（5）**病虫害**。麦收前后柿蒂虫第1代幼虫蛀果危害，被害果不脱落，幼虫在其中化蛹，第2代幼虫继续危害，受害果颜色由黄绿变成橘红，继而变软脱落。9月炭疽病可引起落果。

二、保花保果

保花保果的目的是提高坐果率，坐果率是产量构成的重要因素。尤其是在花量较少的年份，保花保果在保证柿树丰产稳产方面具有重要意义。在柿树生产上通常采取花果期灌水、施肥、修剪、环割环剥，创造良好授粉条件，防治病虫害等方法提高柿树的坐果率。

1.灌水　柿树一般在5月开花，开花前要进行灌水，满足花期的水分需求，可采用地格子法、沟灌法、穴灌法进行灌溉，灌水量视土壤干旱情况、树的大小而定。

2.施肥　柿在花期会消耗大量水分和养分，除了补充水分外，花前施肥也是很重要的。一般选在7月中旬左右，刚结的果子需要大量营养供应用于膨大果实。施肥主要以速效肥为主，花前施氮肥，可以促进花芽分化、枝干粗壮、多开花。果期施用钾肥，可促进果实膨大。采用环状施肥法，在柿树冠幅的边缘挖深度和宽度在30～40cm的环形沟，把肥料和表层土混合，一同埋入沟中，结合浇水，使肥料快速被土壤吸收。在柿树开花后至成熟期间，磷钾肥的满足程度决定着柿树能否正常开花、结果、成熟，还会影响柿子的产量和品质。所以，柿树除施足含磷钾肥的基肥和花果肥外，在挂果期适当地给柿树叶面补充磷钾肥能够促进开花授粉、提高坐果率。

3.修剪　柿树多余的枝叶会限制开花以及果实膨大，所以在开花之前进行适当修剪可减少养分消耗，增加开花和结果的数量。花前修剪一般选在5月上旬，剪掉弱枝、徒长枝，以及生长过密的枝叶，从而保证枝叶间的透光性。大年疏去或回缩位置不合适的大枝，疏去或短截部分结果母枝，早疏花、严定果，保证合适的叶果比。小年多留结果母枝，少短截，从而达到合理控制结果量的目的。

4.环割环剥　花期对营养生长过旺的结果树表现直立性、徒长性的大枝基部及部分母枝中部进行环割或环剥处理。环割可以形成闭环，花期割1次，生理落果后再割1次，可用环割刀或环割锯。环剥宽度为3～6mm，最宽以不超过10mm为宜，深度以达形成层为度，花期只剥1次，切不要形成闭环。剥后要包纸保护，以利愈合。花期环割环剥可以缓和树势，防止或减少落果。但环剥要配合肥培管理，切忌对优势树、老树环剥，更不能年年滥用环剥。

5.创造良好的授粉条件　柿大多数品种无须授粉即能自动单性结实，若配置授粉树，结的果实有种子反而降低了果实的品质。但对于单性结实能力弱的品种，应配置授粉树，如给富有柿配置授粉树进行授粉，使其结成有核果，则可减少落果。有的品种进行授粉后而未受精能结成无核果，称刺激性单性结实；有的品种受精后种子中途退化而成为无籽果实，即所谓的伪单性结实（如日本涩柿平核无与宫崎无核）。这两种情况也需要配置授粉树，可以增加产量。另外，花期天气不好时进行人工辅助授粉，可提高坐果率；花期柿园内放蜂，也有利于改善授粉条件。

6.防治病虫害　柿树中比较常见的病虫害以圆斑病、炭疽病、角斑病、柿蒂虫等为主。冬季是病虫害防治的关键时期，应结合农业综合防控方法、化学防控方法等措施，加强病虫害防治工作。防治柿炭疽病的农业综合防控方法为在果实采收后，彻底清除园内的枯枝、落叶、落果，剪除病梢、病果，并集中烧毁清除侵染源；化学防控方法为在柿树发芽前，全园喷施一次3～5波美度的石硫合剂。新梢生长期和果实发育期可用65％代森锰锌可湿性粉剂600倍液、75％百菌清可湿性粉剂500倍液、50％甲基硫菌灵可湿性粉剂700倍液等药剂喷施，连喷2～3次，可有效控制该病侵染。防治圆斑病、角斑病可在柿树谢花后半个月内喷一次石灰多量式波尔多液，在6、7、8月中旬各喷施一次50％多菌灵1 000倍液，或70％甲基硫菌灵

1 000倍液。防治柿蒂虫可在成虫羽化盛期和卵孵化盛期喷布20%的甲氰菊酯2 000倍液，2.5%溴·氰菊酯2 000倍液，或50%杀螟硫磷乳剂1 000～1 500倍液。

三、疏花疏果

疏花疏果是指人为有计划地去掉过多的花或果实，使树体保持合理负载量的栽培技术措施。柿子在国内长期以来被认为是"铁杆庄稼"，耐粗放管理，产区很少有疏花疏果的习惯，柿果品质不高。由于柿成花容易，进入盛果期后，结果量增多，产量与品质的矛盾非常突出。一般产量过高，品质就会降低，要想生产优质大果，必须限定单位面积产量，并避免出现大小年，而疏花疏果正是解决该问题的重要栽培措施。

1.疏花疏果的作用 柿树结果过多时，果实大小不整齐，且大多数是小果，质量降低，又因树体养分消耗过多，花芽分化不良，翌年结果很少，不能稳产。如富有甜柿成花能力强，1个枝条上可开花3～6朵，如果不疏花疏果，每枝条可挂果2～3个，多时可达5个，遇到大年，结果枝多，树上柿果似葡萄一样，果多个小，商品价值不高。

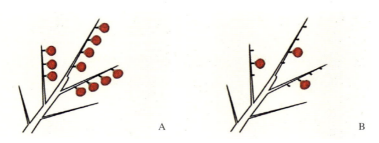

疏果前后营养分配示意图

A.疏果前（每果分配9%营养） B.疏果后（每果分配33%营养）

在显蕾期疏蕾、开花期疏花、生理落果后疏果，能大大减少体内养分的消耗，既能使留下的果实长大，又能促进花芽分化，保证翌年有较高的产量。但若仅仅以疏果来调节结果量，则效果不太明显，因为柿的花芽分化是在7月上旬开始的，此时以疏果来促使花芽分化，已为时过晚。与摘蕾配合进行，最好是一个结果枝只留一个蕾，效果会更为明显，可保证年年果品优质、丰产、稳产。

2.疏花疏果的时期与方法 疏花疏果全年分2～3次进行，正常情况下，人工疏花疏果可从花前，柿树复剪开始，以调节花芽数量。开花后可再根据情况疏除一次，如果在生理落果后果树负载量还过大，可再进行一次定果处理。一般先疏顶花芽，后疏腋花芽；先疏弱树，后疏强树；先疏花多树，后疏花少树；先疏开花早的树，后疏开花晚的树；先疏坐果率高的树，后疏坐果率低的树；先疏树冠内膛，后疏树冠外围；先疏树冠上部，后疏树冠下部。人工疏除的特点是费工费时，对于面积大人手不足的果园，将有一定困难；但可以有选择性地将弱花弱果、病虫花果、畸形花果疏除。

从结果枝上第1朵花开放的时候开始，至第2朵花开放的时候结

太秋柿疏花前后效果图

A.疏花前　B.疏花后

束，为疏花的最适期。一个结果枝上开多朵花时，一般是自基部向上第2～4朵花坐果率最高，生成的果实最好，因此疏花时在基部向上第2～4朵花中选留1～2朵花，将结果枝上其余开花迟的花全部疏去。初次结果的幼树，将主、侧枝上的花蕾全部疏掉，使其充分生长。宜早疏花，此时花柄很容易用指掐断，若过迟，则花柄木质化后便不易掐断。

疏果能提高产量，早疏果则更有利于幼果发育。然而，柿树生理落果现象严重，为此，疏果宜于7月上旬生理落果即将结束时进行。先将发育不良的小果、萼片受伤果、畸形果、病虫果等疏去，向上着生的果实易受日灼也应疏去。选留不易受日光直射的侧生果或侧下生果及果实大而深绿、果形高而匀称、萼片大而不受伤的幼果，尤其是萼片大的果实最容易发育成大果，应尽量保留。由于疏果时果柄已经木质化了，很难用手掐断，必须用疏果剪进行。

柿树疏果前后效果图

A.疏果前　B.疏果后

3.确定负载量的方法　确定合理负载量是正确应用疏花疏果技术的前提。一定范围内，产量与负载量呈正相关，但负载量越大，单果重就会明显下降，产量增加也不明显甚至下降。负载量受品种、树龄、树势、栽培密度和气候条件等多种因素的影响。确定负载量必须依据以下四项原则：第一，保证当年足够的果实数量；第二，保证良好的果品质量；第三，保证能形成足够数量的花芽；第四，保证树体有正常的长势。人们经过多年的研究探索和生产实践，提出了一些确定负载量的方法，如叶果比法、枝果比法、果间距法、干周法。

（1）叶果比法。果树的总叶片数与总结果数之比（总叶片数/总结果数）称为叶果比，它是确定负载量的重要指标之一。一般情况下，乔化砧、小果型品种的叶果比为（30～40）∶1；大果型品种为（50～60）∶1；短枝型品种和矮化砧叶功能较强，叶果比应适当减少，为30∶1。一般柿树的叶果比为（15～25）∶1。生产上在6月下旬柿树第1次生理落果后，富有、次郎、磨盘柿、恭城水柿等平均单果重在200g以上的大果型品种，按20～25枚叶配1个果的比例选留健壮的幼果，把发育差的果实、畸形果、病虫果及向上着生易受日灼的果实全部疏除。

（2）枝果比法。果树的枝梢数与果实数之比称为枝果比。柿树疏花疏果一般根据枝势的强弱定果，强果枝留2～3个果，中等果枝留1～2个果，弱枝不留果或留1个果。同一结果枝上的2个果要有一定距离。为防止自然灾害造成损失，负载量可适当比正常产量多10%。例如，阳丰甜柿属大型果，平均单果质量180g，所以在留果时以1个结果枝上留2～3个果，一个结果母枝上留2～3个结果枝为标准；牛心柿等平均单果重120g左右的中果型品种，每个长结果枝留1～2个；火柿、火晶、火罐柿等单果重40～90g的小果型品种，每个长结果枝平均留果2～3个；只有5枚叶以下的小枝一般不留果，主枝与侧枝的延长枝上也不留果，以促进主枝和侧枝的生长。留下的果实要均匀分布在全树上。

（3）果间距法。生产上也采用果间距法来确定柿果的负载量，疏除多余的花果，每个花序留单果，使果实之间间隔一定的距离。一般大果型品种的果间距为25～30cm，中果型品种的果间距为20～25cm，小果型品种的果间距为15～20cm。该法简单易行，方便掌握。

（4）干周法。根据柿树主干的周长来确定负载量的方法称为干周法。具体方法是在疏果前，用软尺测量树干中部一周，然后通过公式来确定留果量。干周定产公式为：$y=0.025C^2\pm0.125C$（其中y表示株产，单位kg；C表示树干中部干周长，单位cm）。利用公式时，可根据树势强弱，酌情加减。确定好全树负载量后，换算出留果量，可结合果间距法将果实均匀分布到全树各部位。定量生产是克服大小年结果、提质、增效、壮树的关键，应落实到位。

四、果实套袋与除袋

套袋是改善果实外观品质、提高商品价值的一项重要措施。对柿子进行套袋处理，可以促进着色，保持果面光洁度，提高商品外观质量；可以减少尘土污染和农药残留量；可以预防病、虫和鸟类的危害，避免枝叶擦伤。我国南方大多属亚热带地区，夏季高温多雨，易造成甜柿果实日灼、机械和病虫伤害，如富有柿抗炭疽病能力较弱，严重影响柿果外

柿果套袋

观品质和商品性，所以尤其需要对种植在南方等日照强度大的地区的柿果进行套袋处理。

1.果实套袋 柿果套袋能抑制叶绿素合成，促进花青素和胡萝卜素形成，使果面干净，果点细小，有效防止果锈和裂果产生，显著改善柿果的外观品质。为了提高套袋作用效果，生产中应把好以下几关。

（1）套袋前的注意事项。第一，选好园、选良种、选壮树、选好果。套袋应选园貌整齐、综合管理水平高的柿园进行。一般要求土壤肥沃、群体结构和树体结构良好，生长期树冠下透光率在18%以上，果园覆盖率在75%以上，花芽饱满，树龄较轻，树势健壮。主要套果形端正、果梗粗长的优质果。第二，套袋前喷药。套袋前要细致喷布1～2次杀虫剂和杀菌剂，铲除果面病菌。喷药后3d内套袋。第三，选用效果好的套袋材料。采用半透明木浆纸单层袋套袋最佳，双层三色纸袋也可，不同品种选择不同颜色纸袋的效果也有差异，如太秋选黄色纸袋的效果较白色好，富有宜选择白色单层纸袋进行早期套袋，并于成熟时带袋采摘。

太秋柿不同套袋果

A.套黄色纸袋的效果　B.套白色纸袋的效果

（2）套袋时期和方法。定果后7～10d开始套袋，定果后25～30d结束套袋。纸袋在套袋前浸水，用0.2%多菌灵液浸泡2min，袋口向下在潮湿的地方放置半天。右手持袋，左手食指和中指夹住果枝，双手拇指伸入袋里，推果入袋。折叠袋口2～3折。把金属丝在袋长7/10的部位折叠成V形，确保纸袋扎紧不会脱落。

（3）套袋后的果园管理。套袋后一定要做好施肥灌水、病虫害防治及树体综合管理，这是果树管理的重点环节，也会使套袋后的果实品质和产量更好。第一，应及时防治叶片及果实病虫，特别要防治好柿毛虫、黄刺蛾、金龟子、介壳虫和柿炭疽病、角斑病、圆斑病等。第二，及时灌水、施肥。在天气干旱，果袋内温度过高，果实易烧伤时，采用单层遮光袋可减轻日灼。适量追施植物生长调节剂和无机肥，如芸苔素、黄腐酸、高效钙肥等。第三，改善树体通风透光条件。疏除树冠内部过密枝叶，保持冠下通风。另外，还要定期检查套袋果实的生长情况，进行调查记载，查看纸袋是否破损或脱落，及时进行更换或修复。

2.果实除袋

（1）除袋方法。单层袋先从下向上撕成伞状，3～5d后，于晴天下午4—6时除去即可。双层袋先摘外袋，一般在早晨8—10时或者下午4—6时摘袋，外袋摘去3～5d后再摘内袋。除袋时期也应根据当地实际生产情况及柿品种特异性来选择。

（2）除袋后管理。摘袋后，及时防治果实病害。除袋2～5d后喷一次对果面刺激性小的杀菌剂和600倍液的钙宝，杀菌剂选用1 200～1 500倍液的易保和500倍液的农抗120等，保护好细嫩果面，防治套袋果实的柿蒂病、炭疽病等，有效促进果实着色，生产优质果品。

第二节　大果管理技术

一、优质大果

优质与大果是两个独立的概念，所谓优质是指符合人类视觉和味觉的要求，简单地说就是好看又好吃。好看是指形状、色泽等满足人们视觉的要求，好吃则指满足人们对风味、糖度、肉质、汁液、核有无等味觉的要求。优质往往与果实大小相关，但并非大就是优质，如火罐柿果实虽小，但品质优良，深受消费者欢迎。

柿子果实的大小，首先取决于品种本身的大小，其次与栽培管理的技术高低有关，在栽培管理上能满足果实生长发育的条件则大，否则就小。

从形态变化来看，果实增大可分三个阶段：①从开花坐果至花后一个月，②从开花一个月后至果色开始转黄（着色），③从着色开始

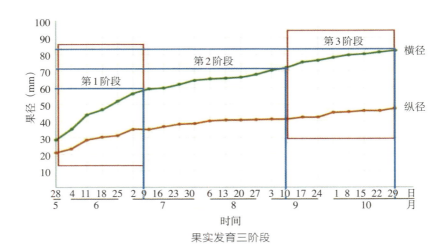

果实发育三阶段

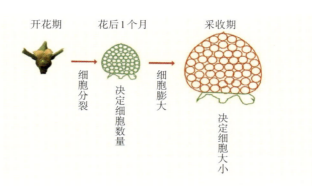

开花期　　花后1个月　　采收期

细胞分裂　决定细胞数量　细胞膨大

决定细胞大小

大果原理示意图

至成熟。其中第1、第3阶段果实增大非常明显。研究证明，第1阶段的前半期主要由细胞分裂引起的，后半期则因细胞体积也增大所致。在第2阶段，细胞分裂和体积增大十分缓慢，时强时弱，所以，外形便表现出长长停停，果实增大不明显。在第3阶段，细胞体积迅速膨大，因此，果实也有明显的增大，人们把此阶段习惯称为果实膨大期。

二、关键技术

1.选用大果型品种　大果型的品种有磨盘柿、斤柿、富平升底尖柿、富有、大秋、阳丰等；小果型的品种有火罐、火晶、鸡心柿、灰柿等。小果型的品种管理再好，也比不上大果型的果实大。

2.计划密植、提早定植　为达到早期丰产目的，可以适当密植，每亩栽100～130株。栽时为了充分利用空间可以梅花形配置授粉树，5年后视树体大小逐步间伐授粉树与主栽品种，最后雌雄株比例按12∶1保留。柿树具有单宁含量高，根系损伤后恢复慢、发根迟，须根易脱水等特点，因此，起苗时尽量避免损伤根系，最好带土移栽。如不带土，起苗后应做好保湿及受伤根系的处理工作，剪平较粗的受伤根，然后浸生根粉配制的药液，根部蘸黄泥浆，再用湿稻草和薄膜包扎、打捆。定植时间选在10月底至11月中旬。栽时要让根系舒展，踩实定植土，浇透水，培土保温，覆盖地膜增温，以利根系伤口快速愈合，确保来年春季柿树健壮生长。定植前选留4个饱满芽定干，一般留50cm高，尽量使其矮化。秋季定植时嫁接口经培土埋入土中，来年春季扒土后高出地面5cm以上。春季定植的苗必须先经秋冬起苗，按以上方法处理根系后假植，以利于定植后根系快速生长。

3.调节树势、控制产量

（1）幼树促进成花，提早结果。幼树易旺长难成花，可进行夏季修剪。第一，进行拉枝开角，缓和树势，使枝条不徒长，形成结果母枝。第二，对旺树环剥、粗枝环割，暂时阻断枝内有机养分向根输送，以利形成花芽。第三，用生长激素调节树势。在4月上旬新梢停止生长前喷施0.1%～0.15%的多效唑溶液2次，每次间隔10d；也可在秋季或早春萌芽前进行土施，按干径1cm施1g的标准施入，可使新梢生长量降低30%～50%，提高成花率20%～30%。在盛花期喷施0.15%的稀土加0.003%的赤霉素溶液，可使坐果率达90.7%。

（2）盛果期限量结果。果实大小和品质与产量是矛盾的，一般地说产量越高，果实越小、品质越差。特别是进入盛果期后，这一矛盾更加突出。因此，必须限定单位面积的产量，达到稳产目的，避免出现大小年。

树势强弱对留果量影响颇大，在有良好树体结构基础上，主要在主枝和副主枝

早秋幼树的合理负载量

上培养健壮结果母枝群。在夏季采用扭枝、拉枝及环剥等方法培养粗而短的结果母枝。每年要对结果母枝进行轮换更新。整株每年培养40个分布均匀，长20～30cm、粗1cm以上的结果母枝即可，确保连年丰产。

（3）地上部与地下部保持平衡。正常生长时，地上部的枝叶多少、长短、粗细和大小与地下部根系分布的深广、根系分枝的多少是保持着相对平衡的，一旦平衡遭到破坏，地上部和地下部的生长量会朝着平衡方向发展。

（4）正确运用优势和劣势调节树势。正确运用顶端优势与侧位劣势、上位优势与下位劣势、粗枝优势与细枝劣势、挺直优势与曲折劣势、垂直优势与水平劣势等，使树体壮而不旺。

4.充分授粉，提高坐果率　富有、伊豆、松本早生等品种单性结实能力低，没有授粉的果实果形不丰满，易落果，商品性差，不完全甜柿不易脱涩。为此，须进行人工辅助授粉。授粉用的花粉须在蓓蕾期花瓣呈黄白色和刚开放的花上采取。方法是取出花药，置于表面光滑的纸上摊开，在30℃环境晾干，筛出花粉备用。授粉时用手指或皮头铅笔蘸上花粉后，抹在柱头上即可。

5.疏蕾、疏果，保持一定的叶果比　结果过多时，果实小而不整齐，花芽分化不良，翌年结果很少，不能稳产。叶片对果实发育影响最大，叶多，有机养分足，果实发育好。据研究，1个果实有20～25枚叶片最合适。

疏蕾、疏果可减少体内养分的消耗，既能使留下的果实长大，又能促进花芽分化，保证了翌年有较高的产量。当结果枝上有1～2朵花开放时疏蕾较好。留下基部向上第2～3朵花中1～2朵花，疏去其余迟开的花或蕾。在生理落果以后进行疏果，疏去发育不良、萼片受伤、向上着生的畸形果、病虫果等小果。留下的果实为总花量的20%～30%，每亩留果8 000～10 000个为宜。大果品种除在主、侧枝的延长枝和5枚叶以下的短枝不要留果外，其余结果枝留1～2个果实最好，留下的果实要在全树均匀分布。

6.合理施肥　原则上基肥要早施，追肥浓度不要超过0.001%，并用根外追肥法快速补充肥料。前期以氮为主，果实膨大期要多施钾肥。

7.重视夏季修剪　除冬剪外，要重视夏季修剪，特别在6月前要将过密的枝叶疏去，改善通风透光条件。使枝枝透风，叶叶见光，地面只留花影，无浓荫。

8.加强病虫害的防治　特别要防治早期落叶病和吮吸树液的害虫，这些病虫危害严重时，不仅影响当年产量，而且也影响翌年的产量。

三、生理障害果的发生与对策

在果实发育过程中，会发生很多生理障害，如裂果、果面污染、局部软化、日烧等现象，严重地影响了果实的商品性。这些生理性障害有的与品种有关，有的与环境因子有关，有的原因不明，仍需研究。

1.果顶裂果　多发生在花柱基部不联合的品种（如次郎等），当果实太大，种子太多时，果顶容易开裂。克服的办法：对这类品种少配或不配授粉树，使果实内种子少些；或在疏果时疏去花柱基部明显不联合的果实。

2.蒂隙　蒂隙发生的原因是，有些品种在7—8月，柿蒂生长与果实生长不同步，维管束经不起不平衡生长所产生的拉力，使果肉与蒂接合部开裂。这种情况在夏季干旱，9—10月雨水过多的地方更容易发生。克服办法：修剪不要过重，应轻剪；及时疏蕾；定时灌水；或在9月中旬向叶面喷尿素。

3.**果顶软化**　果顶着色一浓就易软化，多发生在富有柿上。克服办法：适当施肥；或在9月中旬向叶面喷0.1%～0.2%的尿素，延迟老化。

4.**污损果**　果皮因风摇动产生磨损，表皮呈线状、片状变黑，可设置防风林并采用套袋等方法进行防治。

5.**日灼**　果皮变黄，严重时变褐或变黑色，主要发生在向上着生的果实上，由夏季中午日光直射所致。克服方法：在疏果时疏去向上果。

6.**软化果**　果肉提早软化，多发生于富有、松本早生富有等品种，主要是由土壤中水分过多引起的。克服办法为注意排水。

本章小结

　　柿原产我国，栽培历史悠久，为我国传统特色果种。柿树花果管理的目的是保证果树生产出优质大果，防止果园出现大小年现象。因此要遵循科学合理的管理方法，通过花果期灌水、施肥、花前修剪、花期环剥、创造良好的授粉条件、防治病虫害等方法保花保果。同时，要想生产优质大果，需使树体保持合理负载量，通过叶果比法、枝果比法、果间距法、干周法确定负载量。应在显蕾期疏蕾、开花期疏花、生理落果后疏果，结果枝上第1朵花开放的时候开始至第2朵花开放的时候结束为疏花的最适期；而疏果宜于7月上旬生理落果即将结束时进行。为改善果实外观品质、提高商品价值，需要对柿果进行套袋处理。柿子果实的大小，首先取决于品种本身的大小，其次与栽培管理的技术高低有关，可通过合理定植、调节树势、充分授粉、调整合理的叶果比、合理施肥、夏季修剪、加强病虫害防治等栽培技术手段获得优质大果。总之，须加强柿园花果管理，保证树势健壮，以确保柿园优质丰产。

第八章 柿主要病虫害防控

第一节 主要病害

一、柿角斑病

1.危害症状 柿角斑病主要危害柿叶和柿蒂。叶片受害时，初期在叶片正面出现黄绿色病斑，边缘较模糊，形状不规则，病斑内的叶脉呈黑色。随着病情发展，病斑边缘颜色逐渐加深呈浅黑色，中央呈淡褐色。由于病斑扩展受到叶脉的限制，形状变为不规则的多角形。后期病斑上密生黑色绒状小粒点，病斑背面开始时呈淡黄色，以后颜色逐渐加深，最后变成褐色或黑褐色，亦有黑色边缘，但不及正面明显。病斑背面也有黑色绒状小粒点，但较正面少。危害柿蒂时，多在柿蒂的四角开始，后向内扩展，无一定形状，呈深褐色。病情严重时，多数病斑相互融合，布满大半叶，采收前1个月大量落叶，落叶后柿子变软，相继脱落，而柿蒂大多残留在枝上。

柿角斑病叶部症状

2.发病规律 角斑病菌以菌丝体在病蒂及病叶中越冬，留在树上的病蒂是主要的初侵染来源和传播中心，第2年6—7月产生分生孢子，借助风雨传播。在20℃以上并且湿度较大情况下孢子即可萌发，萌发后产生芽管，在叶背的表皮蔓延生出分枝，遇气孔即入侵，进行初侵染，潜育期25～38d。因此，5—8月阴雨较多的年份发病严重。另外，老叶较幼叶易受到侵染，同一枝条下部叶片较顶部叶片易受侵染。且君迁子比柿树容易发病，所以，越靠近君迁子的柿树发病越重，8月为发病盛期，大量出现病斑，9月便落叶、落果。病蒂常能在树上残存2～3年，病菌能继续生存，成为每年初次侵染的主要病源和侵染中心。

3.防治方法

（1）加强果园管理。结合冬季修剪，彻底剪除挂在树上的柿蒂，这是减少病菌来源的主要措施，只要彻底清除柿蒂，即可避免此病成灾；增施有机肥料，提高树体抗病能力；降低果园湿度，创造不利于病菌繁殖的条件，从而达到控制病害的目的；君迁子的蒂特别多，为避免其带病侵染柿树，应尽量避免柿树与君迁子混栽，并尽量远离君迁子园。

（2）喷药保护。在落花后20～30d，喷一次1∶（2～5）∶600波尔多液，即硫酸铜1kg，石灰2～5kg，加水600kg。重点保护柿叶和柿蒂，预防角斑病菌的侵染和蔓延。若喷65%的代森锌可湿性粉剂500～600倍液，须每隔5～7d连喷2～3次，即可有效地控制此病发生。

二、柿圆斑病

1.危害症状　柿圆斑病多导致叶片和柿果提早变红，并提早落叶。主要危害柿叶，也侵染柿蒂，有慢发性和速发性两种类型。①慢发性：发病初期，慢发性的圆斑病在叶片正面产生黄褐色圆形小斑点，无明显边缘，逐渐扩大成圆形褐色病斑。以后病斑渐变为深褐色，中心色浅，外围有黑色边缘。一般病斑直径约3mm，最大可达7mm。随后叶片变红，病斑周围出现绿色或黄色晕环。发病后

柿圆斑病

A.慢发性　　B.速发性

期，病斑背面出现黑色小粒点。严重时病叶在5～7d内即可变红脱落。病株果实小、味淡、容易提早变软脱落。②速发性：速发性的圆斑病病斑呈干绿色至淡褐色，无明显的边缘，病斑很快相连，病叶不变红就脱落。柿蒂上发病时间较叶片晚，病斑呈圆形褐色，病斑小。

2.发病规律　病原菌以子囊壳在病叶或病蒂上越冬，子囊孢子在6月中旬至7月上旬成熟，借风雨传播，8—9月开始发病，一年仅有一次入侵。在自然条件下，不产生分生孢子，所以没有再次侵染的现象。圆斑病发病早晚和危害程度与上一年病叶多少和降雨强度有很大关系，雨水多时，此病发生较重；也与品种、树势的强弱有关，树势衰弱，发病较重。

3.防治方法

（1）清除病原菌。秋末冬初至第2年6月，彻底清除落叶，集中烧毁，消灭越冬的病原菌。

（2）加强栽培管理。增强树势，提高抗病能力。

（3）喷药保护。在落花后30d（6月中旬）喷布一次1：（2～5）：600波尔多液保护叶片，以防子囊孢子大量飞散。另外，也可选用65%代森锌可湿性粉剂500倍液喷洒1～2次，效果也较好。

三、柿炭疽病

1.危害症状 主要危害新梢和果实，也可危害叶片。

柿炭疽病症状
A.叶上病斑　B.叶柄病斑　C.嫩枝病斑　D.老枝病斑　E.果上病斑　F.萼片病斑

叶片上的病斑多发生在叶柄和叶脉上，初为黄褐色，后呈黑色，病斑长条状或不规则状。由于叶脉发病后不再生长，叶肉继续生长，常造成叶片扭曲。

枝条发病多在5月下旬至6月上旬嫩梢上发病，初期产生圆形小黑点，扩大后呈长椭圆形，黑色或黑褐色，中部凹陷，并有褐色纵裂，表面产生小黑点（分生孢子盘）。在潮湿情况下，小黑点溢出粉红色黏状物（分生孢子团）。病斑长10～20mm，病斑下的木质部腐朽，病梢极易在病斑处折断，当病斑环绕新梢一周时，病斑上部的枝条就枯死。

果实多在6月下旬至7月上旬或8月下旬至9月上旬发病。果面初生针头大小深褐色或黑褐色小斑点，后逐渐扩大为圆形或椭圆形的病斑，直径5～10mm，微凹陷。病斑外围黄褐色，中央密生有略呈轮纹状排列的灰黑色小粒点（分生孢子盘）。小黑点在湿度较大的环境下可溢出粉红色黏质的分生孢子团。病斑下的果肉呈黑色硬块。一个病果上可产生多个病斑，病果会提早脱落。

萼片发病多在柿蒂尖先出现黑色小斑点，并向柿蒂中心扩散，严重时引起柿蒂和柿果的分离，造成软果脱落。

2.发病规律　病菌以菌丝体在枝条上的病斑上越冬，也可在病果、叶痕中越冬，2年生枝条带病最多。翌年初夏产生分生孢子，通过风雨和昆虫进行传播。病菌在9～35℃条件下都能活动，但以25℃最适宜繁殖和发展。在柿树生长期，分生孢子可以进行多次侵染。可从伤口侵入或直接侵入，从伤口侵入时潜育期为3～6d，直接侵入时潜育期为6～10d。炭疽病喜高温高湿，雨后气温升高，常出现发病高峰，所以夏季多雨年份发病严重，干旱年份发病较轻。一般年份5月下旬，病菌在绿色有茸毛的嫩梢上可直接入侵，枝皮已变褐的几乎不会染病，所以盛果期大树一年只发春梢，炭疽病较轻，苗期或幼树经常有嫩梢，容易染病。果实从6月下旬开始直至采收期均可被病菌侵染发病，7月中、下旬即可见到病果脱落。柿炭疽病的发生与树势也有关系，树强病轻，树弱病重，树势管理粗放衰弱者易发病。

3.防治方法

（1）消灭或减少病原菌。入冬前认真做好冬季清园工作，彻底清除菌源，以减轻翌年病害的发生。冬季结合修剪，剪除病枝、病蒂并集中烧毁；开花后剪除新发的嫩梢，已有黑色病斑的嫩梢务必剪除，带出园外烧毁；6月开始发现病果即随手摘除，削下病斑晒干后烧毁，以减少病菌传染来源。

（2）增强柿树的抗病能力。一是选用抗病品种。二是选用无病苗木。引进苗木时一定要认真检查，发现病苗应及时淘汰，并于定植前用1∶4∶80波尔多液浸泡苗木10min，或用20%石灰乳浸泡10min。三是平衡施肥，促进树体健壮生长。多施有机肥，配施磷钾肥，少施氮肥，以免枝条徒长，组织不充实，抗病力降低。

（3）加强果园管理，不给病菌孢子萌发创造条件。炭疽病孢子的萌发需要较大的湿度，虽然雨、露难以控制，但通过一些农业措施可以降低湿度。一是完善柿园水系，确保排灌畅通。遇旱适时灌水，雨后及时排涝，保证雨止田干，及时降湿。二是改善通风透光，防止园内郁闭。栽植密度不宜过大，密植园要做到"密植稀枝"。通过夏季修剪，剪除密挤枝、瘦弱枝、病虫枝，改善园内通风透光条件，降低田间湿度。

（4）老树枝干病斑处理。对主干和大枝上以芽眼为中心的黑色坏死凹陷病斑用专用刀具刮除干净，宽度和深度都以见到新鲜的组织为准。刮后的伤口先用内吸性杀菌剂涂抹，再用带有杀菌剂的伤口愈合剂刷涂，最后用塑膜包扎，加速伤口愈合。以上的病斑组织残渣不能散落在柿园内，要统一收集深埋。如果病斑深度超过枝干粗度1/2，根据情况处理：一是秋季树旁栽植软枣，准备明年桥接；

柿炭疽病老树病斑刮除

二是直接锯除，第2年重新嫁接或重新栽植。

（5）化学防治。合理用药，选用内吸性药剂和保护剂结合喷洒防治，不给病菌入侵的机会。目前生产中使用的防治药剂种类繁杂、效果不一、安全性不确定，因此在实验室先对柿炭疽病防治药剂进行初步筛选，再选择室内表现较好的杀菌剂进行田间预防，判断其治疗效果，具体试验数据见表8-1、表8-2。经过探索，咪鲜胺、吡唑醚菌酯和苯醚甲环唑这3种药剂对柿炭疽病的防效较好，可作为田间主要防治药剂，使用过程中，应注意轮换交替施用化学农药，原则上每种药剂连续使用不可超过3次，以免产生抗药性和农残累积，避免果实农残超标。

表8-1　16种杀菌剂对哈锐炭疽菌的室内毒力测定

序号	供试菌株	药剂名称	毒力回归方程	相关系数	EC_{50}（μg/mL）
1	HGH2	枯草芽孢杆菌	$y = 0.337\,4x + 6.003\,5$	0.95 1	0.001 1
2	HGH2	多菌灵	$y = 0.762\,3x + 6.581\,6$	0.997 1	0.008 4
3	HGH2	咪鲜胺	$y = 1.120\,8x + 6.285\,2$	0.917 9	0.071 2
4	HGH2	甲基硫菌灵	$y = 1.860\,4x + 6.122\,2$	0.997 0	0.074 9
5	HGH2	吡唑醚菌酯	$y = 0.714\,8x + 5.459\,7$	0.959 3	0.227 4
6	HGH2	苯醚甲环唑	$y = 0.862\,6x + 5.022\,3$	0.960 8	0.942 2
7	HGH2	戊唑醇	$y = 0.760\,7x + 4.878\,8$	0.935 7	1.443 2

（续）

序号	供试菌株	药剂名称	毒力回归方程	相关系数	EC$_{50}$（μg/mL）
8	HGH2	百菌清	$y = 0.575\ 7x + 4.616\ 4$	0.909 8	4.637 9
9	HGH2	抑霉唑硫酸盐	$y = 0.955\ 3x + 4.318\ 8$	0.929 3	5.165 0
10	HGH2	溴菌腈	$y = 0.701\ 1x + 4.428\ 5$	0.988 0	6.533 5
11	HGH2	石硫合剂	$y = 0.399\ 4x + 4.613\ 7$	0.999 8	9.272 6
12	HGH2	二氰蒽醌	$y = 0.450\ 9x + 4.427\ 3$	0.999 2	18.626 3
13	HGH2	噁霉灵	$y = 0.538\ 8x + 4.106\ 5$	0.998 6	45.531 8
14	HGH2	喹啉铜	$y = 0.965\ 9x + 3.264\ 4$	0.980 4	62.643 1
15	HGH2	代森锰锌	$y = 0.407\ 5x + 4.042\ 8$	0.942 1	223.335 1
16	HGH2	氯溴异氰尿酸	$y = 0.312\ 4x + 4.048\ 1$	0.976 5	1 114.436

表8-2　田间人工侵染后病枝病情指数及病斑大小

药剂	处理	病情指数	平均病斑长度/mm
对照		63.84	8.29
吡唑醚菌酯	预防	2.98	0.03
	治疗	6.29	0.60
	预防 + 治疗	0.50	0.32
苯醚甲环唑	预防	7.56	0.80
	治疗	8.50	1.02
	预防 + 治疗	3.60	0.39
咪鲜胺	预防	3.10	0.34
	治疗	8.00	1.06
	预防 + 治疗	2.22	0.25
多菌灵	预防	28.89	3.88
	治疗	49.50	6.14
	预防 + 治疗	11.40	1.17

（续）

药剂	处理	病情指数	平均病斑长度/mm
甲基硫菌灵	预防	44.67	7.11
	治疗	52.57	7.62
	预防＋治疗	23.50	3.31
枯草芽孢杆菌	预防	58.00	7.97
	治疗	40.57	5.40
	预防＋治疗	26.40	3.61

四、柿疯病

1.危害症状　病树或病枝萌芽迟，展叶抽梢较慢，新梢后期生长快且停止生长早，落叶早；重病树新梢长至4～5cm时萎蔫死亡；病树冬、春季枝条大量枯死，在枯死枝条基部萌发丛生枝，病枝表皮粗糙，易脆易折，枝干木质部会出现黑色线状，有时扩展至韧皮组织。叶片、叶脉变黑，同一枝上由基部叶开始病变，逐渐向上位叶扩展，病叶凹凸不平，叶大而薄，质脆。病树结果少，果面有环形缢痕，常提前变软脱落；重病树不结果，甚至整株死亡。

柿疯病

A.病果　　B.病树局部

2.发病规律 病菌寄生在植物输导组织里，主要通过嫁接传染，无论是用健树作砧木嫁接病枝、病芽，还是用病树作砧木嫁接健芽、健枝，均能传病。但若用健树作砧木，嫁接健枝、健芽则不感病。柿疯病不是真菌引起的病变，而是由某种侵害植物维管束系统，且对青霉素敏感的细菌所引起的一种侵染性病害。

3.防治方法

（1）农业防治。培育无病苗，发现病苗立即拔除；选用抗病品种和砧木；加强果园管理，适当增施碱性肥料，提高抗病能力；挖除病株，根除侵染来源；冬季修剪时，对过高（超过7m）的树落头，过多骨干枝逐年疏除，主侧枝回缩复壮，疏除干枯细枝和下垂枝，保留健壮结果母枝，以恢复树势。对当年萌发的徒长枝，应在5月底至6月上旬进行夏剪，无用的全部疏除，有空间的留20～30cm长后进行短截，促生分枝，将其培养成结果枝组。

（2）药剂防治，除虫防病。对传播该病的媒介昆虫，如柿零叶蝉和斑衣蜡蝉等，要及时防治，以免扩大传播。对造成早期落叶的多种病害，应认真防治，以保叶片完好，增强树体抗病力。药剂防治用抗生素，可在树干上打孔，深达主干直径的2/3，用吊瓶灌注0.4%四环素溶液，每株用10g。

五、柿白粉病

1.危害症状 柿白粉病，又称叶背白粉病。此病危害柿叶，引起早期落叶，对柿果的质量和树势造成不良影响。

在开花前后，叶面上出现针尖大的小黑点，小黑点密集构成病斑，病斑略呈圆形，大小1～2cm，外围或有黄晕，病斑在叶背面呈淡紫色。晚秋在叶背产生粉斑，后期在粉斑中产生橙黄色、棕红色至黑色小粒点，此小粒点为病菌的闭囊壳。

柿白粉病叶部症状

A.初期病斑　B.后期病斑

2.发病规律　白粉病菌以闭囊壳在落地的病叶上越冬。翌年春季当柿树萌芽、展叶时，子囊孢子成熟，散出的子囊孢子借风传播，黏附在叶背后，发芽后从气孔侵入。而后产生分生孢子，在当年又可进行多次侵染。如果阴雨多、湿度大、果园郁闭重，则病害发生加重。病菌发育最适宜的温度为15～20℃，夏季温度在26℃以上时几乎停止活动。

3.防治方法

（1）农业防治。冬、春季及时清扫落叶，集中烧毁或深埋，消灭病菌侵染源；冬季深翻果园，将子囊壳埋入土中。

（2）化学防治。4月下旬至5月上旬喷0.2波美度石硫合剂，杀死发芽的孢子，预防侵染。6月中旬在叶背喷1：（2～5）：600波尔多液，抑制菌丝蔓延。

六、柿叶枯病

1.危害症状　柿叶枯病主要危害叶片，也能危害枝条和果实。一般在6月始发，7—9月盛发，叶片发病较重时脱落。

受害叶片初期病斑为近圆形或多角形的浓褐色斑点，后逐渐发展为灰褐色或灰白色、边缘深褐色的较大病斑，直径1～2cm，并有

柿叶枯病叶部症状

轮纹。后期叶片正面病斑上生出黑色小粒点，即分生孢子盘。果实上病斑呈暗褐色，星状开裂，后期在病斑表面生出黑色小颗粒状分生孢子盘。

2.发病规律 该病菌以菌丝和分生孢子盘在病斑内越冬，翌年7月中旬条件合适时产生分生孢子。分生孢子借风雨传播，从伤口入侵。病菌最适生长温度为28℃，在10℃以下或32℃以上生长停止。

3.防治方法

（1）加强柿园管理。增施腐熟的有机肥和钾肥，合理灌水，增强树势，提高树体抗病力。剪除病残枝、疏去茂密枝，改善通风透光条件；雨季注意果园排水，保持果园适宜的温湿度，控制病害发生；因地制宜地选用较抗病品种。

（2）冬季清除病源。从落叶后到第2年发芽前，彻底摘掉树上残存的柿蒂，清扫落叶，并集中烧毁，清除病源。

（3）化学防治。在落花后20～30d，用1∶（2～5）∶600波尔多液喷施1～2次，保护柿叶和柿蒂，也可喷65%代森锌可湿性粉剂500～600倍液，一般喷2～3次。

七、柿蝇粪病

1.危害症状 柿蝇粪病主要危害果实，影响果品外观，降低果实商品价值。

染病的果实开始着色以后，果面散生许多黑色小粒点，逐渐连成大的稍近圆形的病斑，因粒点形似蝇粪而得名。果面上的黑斑能够擦去，果皮、果肉不受害，但影响商品价值。

柿蝇粪病

2. 发病规律　病菌在枝条上越冬。翌春产生分生孢子，借雨水传播，多在6—7月入侵，8—9月发病。高温多雨季节或低洼潮湿的柿园发病较重。

3. 防治方法

（1）农业防治。合理修剪，保持果园通风透光良好；雨季及时排水，注意降低园中的湿度，也可减轻病害发生。

（2）化学防治。柿蝇粪病多为零星发生，一般不需要单独喷药防治。一般在病害发生初期或者雨季到来前开始喷药，常用药剂有1∶2∶200波尔多液、53.8%氢氯化铜悬浮剂1 000倍液、60%三乙膦酸铝可湿性粉剂500倍液、75%百菌清可湿性粉剂800～900倍液、50%乙烯菌核利可湿性粉剂1 200倍液、50%甲基硫菌灵可湿性粉剂800倍液等。间隔10～15d喷雾1次，连续防治2～3次，可减轻发病。

八、柿灰霉病

1. 危害症状　主要危害幼果、花、嫩叶及贮运中果实。

叶片多为嫩叶染病，染病初期叶片先端失绿，产生白色至黄褐色病斑，空气湿度大时出现灰白色霉状物，即病菌的菌丝、分生孢子梗和分生孢子。花瓣上染病时，花瓣变褐并腐烂脱落，或呈软腐状，也生有同样的霉层。幼果染病表现为初在果蒂出现水渍状斑，后扩展到全果，果实一般保持原状，在湿度大时病果表面出现灰白色霉状物。

柿灰霉病

2.发病规律 病原为半知菌灰葡萄孢菌，病菌以菌丝体在病部或腐烂的病残体上越冬，或以落入土壤中的菌核越冬。翌年5—6月条件适宜时产生孢子，通过气流和雨水溅射进行传播。持续高温、阳光不足、排水通风差的密植园有利于病菌滋生，发病较重，施氮肥过量而徒长的树更容易得病。

3.防治方法

（1）加强栽培管理。适当施肥，增强树势，提高果树抗病力；合理修剪，使柿树枝组分布合理，对密植园进行间伐，保持果园通风透光良好；雨后及时排水，避免果园湿气滞留，降低园内湿度；及时清除被害枝叶花果。

（2）化学防治。在雨季到来之前或发病初期喷药防治，常用药剂有65%甲硫·乙霉威可湿性粉剂1 000倍液、50%异菌脲可湿性粉剂1 000倍液、50%腐霉利可湿性粉剂1 500倍液、50%甲霜灵可湿性粉剂800倍液。10d左右喷洒1次，连续防治1～2次。

九、柿癌肿病

1.危害症状 柿癌肿病又称柿根瘤病、柿冠瘿病。主要在根部患病的称柿根瘤病，在地上部感病的称柿冠瘿病。

症状主要发生在根颈部，也发生在侧根、支根及嫁接伤口处等，在树体的根部或枝干表面呈现大小不规则的肿瘤。

2.发病规律　病原为野杆菌属癌肿野杆菌，是一种细菌性病害。病原菌在主要癌瘤组织皮层内或依附在病残根附近的土壤中越冬，能游动，借灌溉水、雨水、耕翻土地等传播，苗木调运是远距离传播的主要途径。病菌

柿根瘤病

从各种伤口侵入，发病的反应很慢，潜育期很长，从几周至1年以上不等。病原菌侵入后，在寄主皮层的薄壁细胞间繁殖，毒素刺激寄主，使细胞过度分裂形成癌瘤。癌瘤表面粗糙，颜色深褐，质地坚硬，内部组织紊乱，老化时表层脱落，外形多呈球形或扁球形。病原菌从瘤体进入土壤，又随雨水或灌溉水传播再次侵染。此病多在苗期或幼树期发生，在碱性、黏重、排水不良的土壤或重茬地栽植的柿树发病重，根部伤口多的更易发病。

3.防治方法

（1）**苗木检疫**。加强检疫，起苗时挑出病苗，集中烧毁，起苗后清除土壤中的有病残根；不栽病苗，对疑似带菌的苗木，可用0.1%的高锰酸钾或1%的硫酸铜溶液浸泡苗根消毒5min，再用清水洗净。

（2）**强化栽培管理**，注意园地卫生。嫁接时从无病优良母树上采集接穗，嫁接的刀具需用75%酒精浸泡15min消毒。中耕除草时

不要伤根，及时用药灌根防治地下害虫。

（3）切除癌瘤，涂抹药剂。发现苗木上有癌瘤时及时用刀切除癌瘤，然后用80%乙蒜素乳油100～200倍液涂抹，再外涂843康复剂或波尔多液保护，切口用抗根癌菌剂浸蘸最好。

十、柿黑星病

1.危害症状 主要危害叶、果和枝梢。叶片染病，初在叶脉上生黑色小点，后沿脉蔓延，扩大为2～5mm的近圆形或多角形病斑。病斑漆黑色，周围有黄晕，中央略带灰色。湿度大时背面现出黑色霉层，即病菌分生孢子盘。枝梢染病，初生淡褐色斑点，后扩大呈梭形、纺锤形或椭圆形，略凹陷，易龟裂。严重的自病斑开裂，呈溃疡状或折断。果实染病，多在蒂部发生，与叶部病斑相似，病斑圆形或不规则形，果实上病斑微凹陷，稍硬化呈疮痂状，也可在病斑处裂开，病果容易脱落。

柿黑星病

A.叶上病斑　B.果上病斑

2.发病规律 病菌以菌丝或分生孢子在病梢、病叶、病蒂（果）上越冬，为翌年初侵染主要来源，菌丝体在5月产生分生孢子，借风雨传播，孢子萌发直接侵入，潜育期7～10d，进行多次再侵染。

3.防治方法

（1）农业防治。加强栽培管理，增施有机肥，及时灌水，培养壮树，提高抗病能力；晚秋或冬季清除园内落叶，结合冬剪剪去病枝和病蒂，集中烧毁以清除越冬菌源。

（2）喷药保护。萌芽前喷布5波美度石硫合剂，或在展叶后喷布0.3～0.5波美度石硫合剂，或1∶5∶400波尔多液，喷1～2次，也可以兼治其他病害。在南方，临近开花前及落花70％左右时各喷1次240倍石灰倍量式波尔多液，以后根据降雨情况，每隔半月左右喷200倍石灰倍量式波尔多液，也可使用50％退菌特可湿性粉剂800倍液，50％多菌灵可湿性粉剂800倍液，或45％代森铵水剂600倍液。

十一、柿日灼病

1.危害症状　柿日灼病又称柿日烧病，为生理性病害。主要危害果实，常见于果实向阳面，有时叶片、枝干也可受害，均为日灼伤。

柿日灼病

A.叶面日灼　B.果面日灼

果实初受害时，果面略有近圆形或不规则的坏死斑，受害部位初为淡黄褐色，而后颜色加深，并有淡黄色晕，严重时变黑开裂。柿日灼病主要危害果肉浅层，一般不深入果肉内部。叶片受灼伤出现变色斑块，而后呈红褐色不规则斑，不再扩大。受害干上树皮局部呈纵向条状干枯状，严重时树皮开裂剥落。

2.发病规律　日灼在初夏气温骤高时发生，晴热干旱年份发生重。由于强光直接照射果面，致使局部蒸腾作用加快，加之空气和土壤湿度小，温度升高至40℃以上或持续时间较长时，植物组织被灼伤。一般西南方向和上部的果实易被灼伤，果实被灼伤后失去商品价值。叶片缺水或贴近地面接受地面辐射热较大时也会受到日灼。树干日灼则在高接换头，叶量大减时发生，西晒阳光直射树干，从而局部增温引起灼伤，灼伤处树皮半干，在这种状态下容易引发木腐病。

3.防治方法

（1）加强栽培管理，增强树势，提高根系吸水能力；合理修剪，建立良好树体结构，使叶片合理分布，适当多留西南侧柿树枝条，增加柿树叶片数量，利用叶片遮盖果实，以减少夏季阳光直接曝晒果树枝干和果实的机会；结合疏花疏果作业，将西南方向和上部的幼果疏去；生长季节注意适时灌水和中耕，促进根系活动，保持树体水分供应均衡。

（2）在初夏温度骤高时有条件的可灌水降温；或于午前喷洒0.2%～0.3%的磷酸二氢钾溶液或清水，有一定的预防作用。

（3）日灼多发地区或高接换头后，将树干涂白，反射阳光以缓和果树树皮的温度剧变。果实套袋可有效减轻日灼病发生。

第二节　主要害虫

一、柿蒂虫

1.危害特点　柿蒂虫又名柿实蛾、柿食心虫，俗称柿烘虫。主要危害果实，偶有危害枝芽。

我国河南、山东、山西、陕西、安徽等地均有发生。幼虫钻食果实，造成柿子早期发红、变软、脱落。危害严重者，可能造成绝收。

2.形态特征

（1）成虫。雌蛾体长约7mm，翅展15～17mm；雄蛾体长约5.5mm，翅展14～15mm。头部黄褐色，复眼红褐色，全体紫褐色，胸部中央黄褐色。触角丝状。

（2）卵。乳白色，椭圆形，一般长径0.5mm，短径0.36mm。卵壳表面有细微小纵纹，上部有白色短毛。

（3）幼虫。老龄幼虫体长10mm左右。头部黄褐色，前胸背板及臀板暗褐色，同部各节背面暗紫色。

柿蒂虫及危害果

A.柿蒂虫幼虫　B.危害果

（4）蛹。全体褐色，体长约7mm。茧污白色。

3.发生习性
一年发生2代。以老龄幼虫在树皮裂缝里或树干基部附近土里结茧过冬。在黄河流域，越冬幼虫于4月中、下旬化蛹，5月上旬成虫开始羽化，盛期在5月中旬。5月下旬第1代幼虫开始危害幼果，6月下旬至7月上旬幼虫老熟，一部分老熟幼虫在被害果实内，一部分在树皮裂缝下结茧化蛹。第1代成虫在7月上旬至7

月下旬羽化，盛期在7月中旬。第2代幼虫自8月上旬至柿子采收期陆续危害果实，自8月下旬以后，幼虫陆续老熟越冬。

成虫白天多静伏在叶片背面或其他阴暗处，夜间活动，交尾产卵。卵多产在果梗与果蒂缝隙处。每头雌蛾能产卵10～40粒，卵期5～7d。第1代幼虫孵化后，多自果柄入幼果内危害，粪便排于蛀孔外。1头幼虫能蛀食4～6个幼果。被害果实由绿色变为灰褐色，最后呈褐色干枯状。由于幼虫吐丝缠绕果柄，故被害的果实不易脱落。第2代幼虫一般在柿蒂下危害果实，被害果提前变红、变软、脱落。在多雨高湿的天气，幼果受害较多，造成大量落果。

4.防治方法

（1）消灭越冬幼虫。冬季或早春刮除树干上的粗皮和翘皮，刮皮前在地面先铺上塑料薄膜，以刮至刚露新皮为准，将刮下来的碎皮收集起来，同时将树上遗留的柿蒂摘掉，清扫地面的残枝、落叶、柿蒂等，与皮一起集中烧毁，以消灭越冬幼虫。在树干基部1m范围内覆土20cm，消灭和阻止越冬幼虫出土。

（2）摘除虫果。在幼虫危害果实期间，及时将虫果摘除。第1代6月中、下旬，第2代8月中、下旬，各摘除虫果2～3次。摘除第1代虫果时，必须将柿蒂一起摘下，可以减轻第2代的危害。

（3）诱杀越冬幼虫。在8月中旬以前，在刮过粗皮的树干及主枝上绑草或诱虫带诱集越冬幼虫，冬季解下烧毁。

（4）化学防治。在成虫盛发期或卵孵化期喷布40%乐果乳剂800～1000倍液、90%敌百虫1000倍液或20%氰戊菊酯乳油4000倍液等，均可收到良好的防治效果。

二、桃蛀螟

1.危害特点
又称桃蠹螟、桃实螟蛾。食性很杂，危害多种果树和农作物，在柿树上危害柿果和接口的愈伤组织，危害处内外堆积许多粪便，引起早期落果。

2.形态特征

（1）成虫。体长约12mm，翅展22～25mm，黄至橙黄色，体、翅表面具许多黑斑点，似豹纹。

（2）卵。椭圆形，长0.6～0.7mm，宽约0.5mm。初产时乳白色，孵化前鲜红色。

（3）幼虫。体长约22mm，体色多变，有淡褐、浅灰、浅灰蓝、暗红等色，腹面多为淡绿色。头暗褐色，各体节毛片明显，灰褐至黑褐色，背面的毛片较大。

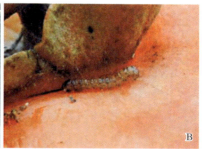

桃蛀螟

A.成虫 B.幼虫

（4）蛹。长约13mm，宽4mm，褐色。茧白色。

3.发生习性 桃蛀螟一年发生1～5代，由北向南代数逐渐增多。以老龄幼虫在越冬场所结茧越冬。越冬场所主要在果树翘皮下、裂缝中，农作物的叶鞘、枯叶处，高粱、玉米、向日葵秸秆中或土缝、石隙间越冬。黄河流域越冬代成虫于5月中、下旬开始羽化产卵危害，7月上旬发生第2代，在柿上产卵危害果实，从蛀孔排出黑褐色虫粪和黄褐色透明胶汁，与粪便粘连在一起，附贴在果面上，十分明显。8月上旬发生第3代，9月上旬为第4代。世代重叠危害，尤以第1、2代重叠常见，以第2代危害重。成虫发生不太整齐。

成虫昼伏夜出，对黑光灯和糖酒醋液趋性较强。喜欢在枝叶茂密的果实上产卵，卵多产在蒂下。卵期6～8d，幼虫期15～20d，蛹期7～9d，完成一代需一个多月。

4.防治方法

（1）农业防治。及时摘除虫果，清理落果。幼虫越冬前在树干束草（或束诱虫带）诱集越冬幼虫，冬季刮除老翘皮，与束草、诱虫带等一起集中处理，消灭其中幼虫。清除果园周围玉米、高粱、向日葵等受害较重的地区，应于早春桃蛀螟越冬幼虫化蛹前将玉米秆和向日葵花盘烧掉或碾碎，消灭其中幼虫。有条件者于成虫产卵前进行果实套袋，有一定防治效果。

（2）**诱杀成虫**。生长季节在有条件柿园周围可设黑光灯和挂糖醋液及性激素（顺、反-10-十六碳烯醛的混合物）诱杀成虫。

（3）**化学防治**。在卵盛期至孵化初期施药，毒杀卵和初孵幼虫，可于第1、2代幼虫孵化初期（5月下旬和7月中旬前后）喷50%杀螟硫磷乳油1 000倍液，每代喷药两次，每次间隔一周；提倡喷洒苏云金杆菌或青虫菌液。

三、柿斑叶蝉

1.危害特点 又叫血斑浮尘子、血斑叶蝉、血斑小叶蝉。属半翅目叶蝉科。在我国山东、四川、江苏、浙江等柿树栽培区发生较普遍。除危害柿外，还危害枣、桃、李、葡萄、桑等植物的叶片。初孵若虫先集中在枝条基部的叶背中脉附近危害，随龄期增长逐渐分散。老龄若虫及成虫均栖息在叶背中脉两侧刺吸汁液，被危害叶正面呈现褪绿斑点，全叶呈现苍白色，提早落叶。

2.形态特征

（1）成虫。体长2.5mm左右，连同翅长约3.1mm。淡黄白色。复眼淡褐色。头冠向前凸出呈圆锥形，有淡草绿色纵条斑两个。前胸背板前缘有淡橘黄色斑点两个，后缘有同色横纹。横纹中央和两端向前凸出，在前胸背板中央显现出一个近似"山"字形斑纹。小盾板基部有橘黄色V形斑。两前翅对合时形成下述橘红色斑纹：翅基部有Y形斑纹，中央略似W形，紧接着是一倒梯形斑，近末端又有一个X形斑，这些斑纹似血丝状。翅面上散生红褐色小点。

（2）卵。长0.7～0.8mm，略弯曲，白色。

（3）若虫。共5龄，初孵若虫淡黄白色近透明，复眼红褐色，随着龄期增长体色加深，渐变为淡黄色。四至五龄有翅芽。五龄若虫体扁平，有白色长刺毛，刺毛明显。翅芽黄色加深，易识别。

3.发生习性　一年发生3代以上，以卵在当年生枝条的皮层内越冬，翌年4月柿树展叶时孵化，若虫期约1个月，5月上、中旬出现成虫，不久交尾产卵，卵分散产在叶背面的叶脉附近。卵期约半个月，6月上、中旬孵化。此后30～40d 1代，世代交替，常造成严重危害。

成虫、若虫在柿叶背面刺吸汁液，初孵若虫集中在叶片的主脉两侧吸食汁液，不活跃。随着龄期增长，食量增大，逐渐分散危害。受害处叶片正面呈现褪绿斑点，严重时斑点密集成片，叶呈苍白色

血斑叶蝉及其危害状

A.成虫　B.危害状

甚至淡褐色，叶绿素的形成被破坏，影响柿树的光合作用，造成早期落叶，导致柿树不能正常生长发育。

4.防治方法

（1）农业防治。加强果园管理，合理施肥灌溉，增强树势，提高树体抵抗力；科学修剪，剪除病残枝及茂密枝，调节通风透光；保持果园适宜的温湿度；清理树下杂草和落叶，减少越冬虫源。

（2）保护和利用捕食螨等天敌。

（3）化学防治。在若虫出现期喷布50％马拉硫磷1 500倍液、50％杀螟硫磷乳油，或50％辛硫磷乳油。

四、柿绵蚧

1.危害特点
又叫柿囊蚧、柿毛毡蚧、柿绒蚧。属半翅目粉蚧科绒蚧亚科。在我国南北柿区普遍发生，尤以管理粗放、树势衰弱的柿园最为严重。

以成虫和若虫刺吸柿树嫩枝、幼叶和果实。嫩枝被害后，出现黑斑，轻者生长细弱，重则干枯，难以发芽。叶片上主要危害叶脉，叶脉受害后亦有黑斑，严重时叶畸形、早落。危害果实时，若虫和成虫群集在果肩或果实与蒂相接处，被害处初呈黄绿色小点，进而出现凹陷，由绿变黄，最后变黑，甚至龟裂，使果实提前软化，不

柿绵蚧

A.危害叶片　B.危害果实

便加工和贮运。

2.形态特征

（1）成虫。雌虫体长约1.5mm，椭圆形，紫红色，虫体背面覆盖白色毛毡状介壳。雄虫体瘦小，长约1mm，紫红色，翅半透明。

（2）卵。近椭圆形，长0.3～0.4mm，紫红色或橙红色。表面被有白色蜡粉。

（3）若虫。紫红色，体扁平，椭圆形，周身有短刺状凸起。

（4）蛹。雄若虫后期化蛹。体外被白色蜡质介壳蛹，包被触角、翅及足等。

3.发生习性　1年发生4～6代，以若虫在树干粗皮裂缝和柿蒂上越冬。翌年4月下旬开始活动，爬到嫩芽、新梢、叶柄、叶背等处固着吸食汁液。第2代以后的若虫和成虫主要危害果实，群集在柿蒂周围的果面上固着危害，虫体逐渐长大分化为雌雄两性。5月中、下旬成虫交尾，随后雌虫体背面形成白色卵囊，开始产卵，每头雌虫可产卵130～140粒，卵期12～21d。各代发生不整齐，10月中旬，果实采收后，若虫爬到越冬场所开始越冬。

4.防治方法

（1）人工防治。结合果园管理，在柿树落叶后至发芽前，剪除树上的病虫枝和柿蒂，刮除树干老粗翘皮，及时清理出园，集中烧毁，减少越冬虫源。

（2）化学防治。早春柿树发芽前喷布一次5波美度石硫合剂和5波美度柴油乳剂，消灭越冬若虫；在展叶至开花期间，越冬若虫刚出蛰，未形成介壳前，喷施25%亚胺硫磷乳油1 000倍液或20%氰戊菊酯乳油2 000倍液，在6月上旬第1代若虫发生时，喷0.3～0.5波美度石硫合剂，在各代若虫出现盛期，根据虫情及时喷布20%稻丰散乳油600～800倍液或48%毒死蜱1 500～2 000倍液＋有机硅

3 000倍液等杀虫剂，基本上可控制危害。

（3）**保护天敌。**柿绵蚧的主要天敌有黑缘红瓢虫、红点唇瓢虫、七星瓢虫、中华大草蛉等。在天敌发生期，应尽量少用或不用广谱性杀虫剂，以保护天敌。

（4）**严格检疫。**对苗木和接穗要严格实行检疫，发现虫害应及时熏蒸消毒，防止虫害扩散蔓延。

五、柿粉蚧

1.危害特点　柿粉蚧又叫长绵蚧、柿长绵粉蚧、柿绵粉蚧，半翅目粉蚧科粉蚧亚科。

若虫和成虫聚集在柿树嫩枝、幼叶和果实上吸食汁液危害。枝、叶被害后，失绿而枯焦变褐；果实受害部位初呈黄色，逐渐凹陷变成黑色，受害重的果实最后变软脱落。受害树轻则造成树体衰弱，落叶落果；重则引起枝梢枯死，甚至整株死亡，严重影响柿树产量和果实品质。

2.形态特征

（1）**成虫。**雌成虫体长约4mm，扁椭圆形，全体浓褐色，触角丝状，9节，足3对，无翅，体表被覆白色蜡粉，体缘具圆锥形蜡突10多对，有的多达18对。雄成虫体长约2mm，翅展3.5mm左右，体色灰黄，触角似念珠状，上生绒毛，3对足；前翅白色透明较发达，翅脉1条分2叉，后翅特化为平衡棒；腹部末端两侧各具细长白色蜡丝1对。

（2）**卵。**卵圆形，橙黄色。近孵化时，卵壳上显露出两个红色眼点，卵产于白色蜡质卵囊内。

（3）**若虫。**与雌成虫相似，仅体形小，触角、足均发达。一龄时为淡黄色，后变为淡褐色。

柿粉蚧

A.雌成虫　B.卵囊

（4）**雄蛹**。裸蛹，长约2mm，形似大米粒。

3.**发生习性**　每年发生一代，以三龄若虫在枝条上和树干皮缝中结大米粒状的白茧越冬。翌春柿树萌芽时，越冬若虫开始出蛰，转移到嫩枝、幼叶上吸食汁液。长成的三龄雄若虫蜕皮变成前蛹，再次蜕皮而进入蛹期；雌若虫不断吸食发育，约在4月上旬变为成虫。雄成虫羽化后寻找雌成虫交尾，后死亡，雌成虫则继续取食，约在5月上旬开始爬到叶背面分泌白色绵状物，形成白色带状卵囊，长达20～70mm，宽5mm左右，卵产于其中，卵期约20d。每雌成虫可产卵500～1 500粒，橙黄色。5月上旬开始孵化，5月中旬为孵化盛期。初孵若虫为黄色，爬出卵囊，成群爬至嫩叶上，数日后固着在叶背主侧脉附近及近叶柄处吸食危害。6月下旬蜕第1次皮，8月中旬蜕第2次皮，10月下旬发育为三龄，落叶时若虫陆续转移到枝干的阴面或老皮裂缝处群集结白茧越冬。

柿粉蚧的远距离传播、扩散主要靠苗木、接穗、砧木、果品的调运带虫，近距离传播、扩散主要靠一龄若虫的爬行和借助风力、雨水、鸟类及其他昆虫的携带。

4.**防治方法**

（1）冬季防治。冬季结合清理园内杂草等管理措施，刮树皮、并用硬刷刷除越冬若虫。

（2）化学防治。越冬若虫出蛰活动时可喷布3～5波美度的石硫合剂；第1、2代若虫孵化盛期，结合防治园内其他害虫，喷洒20%甲氰菊酯乳油、2.5%氯氟氰菊酯乳油及溴氰菊酯乳油8 000倍液，防效均在90%以上。

（3）加强检疫。防止带虫接穗的引入。

（4）生物防治。在二星瓢虫、草蛉、寄生蜂等天敌发生期，注意保护天敌，应尽量少用或不用广谱性杀虫剂。

六、龟蜡蚧

1.危害特点 龟蜡蚧又称柿叶龟甲蚧、龟甲蜡蚧、日本龟蜡蚧、日本蜡蚧、枣龟蜡蚧、枣虱子等。属半翅目蚧总科蜡蚧科。此虫在全国柿产区都有分布。除危害柿树外，也危害苹果、柑橘、石榴、枇杷、李、梅、杏、梨、桃等果树及多种花木。

以若虫和雌成虫刺吸枝、叶汁液，使受害树长势衰弱，并排泄糖蜜状粪便，常诱致煤污病发生，严重者枝条枯死。7、8月雨季引起黑霉菌寄生，枝、叶、果布满一层黑霉，影响生长，降低产量和品质。

2.形态特征

（1）成虫。雌虫体长2～3mm，扁椭圆形，紫红色，体背覆白色蜡质介壳，中央隆起，表面有龟甲状凹陷，四周有8个凸起。雄虫体长1.3mm，翅展2.2mm，淡红色，翅透明，有两条明显脉纹。

（2）卵。椭圆形，长0.2mm，产于雌虫蜡壳体下。初产卵橙黄色，孵化前变为紫色。

（3）若虫。初孵若虫体扁平，长约0.5mm，紫褐色。固着后，体背面变成白色蜡壳，周缘有14个三角形蜡芒，形似葵花状。雄若虫蜡壳长椭圆形，雌若虫蜡壳椭圆形。

龟蜡蚧

A.雄蜡壳　B.雌蜡壳

（4）蛹。为雄虫所有，梭形，棕褐色。

3.发生习性　一年发生1代，以受精雌成虫密集固着在1～2年生枝条上越冬。翌春寄主发芽时开始危害，以口针吮吸树液，4月中、下旬虫体迅速膨大，成熟后产卵于腹下。产卵盛期在5—6月，各地不同，应仔细观察。每雌产卵千余粒，多者3 000粒。卵期10～24d。初孵若虫多爬到叶面、叶柄、嫩枝上固着取食危害，4～5d后形成蜡壳。8月初雌雄开始性分化，8月中旬至9月为雄化蛹期，蛹期8～20d，羽化期为8月下旬至10月上旬。雄成虫寿命1～5d，交配后即死亡。雌虫陆续由叶转到枝上固着危害，至秋后越冬。可行孤雌生殖，子代均为雄性。

4.防治方法

（1）物理防治。做好苗木、接穗、砧木检疫消毒。剪除虫枝，或刷除越冬成虫。冬季枝条上结冰凌或雾凇时，用木棍敲打树枝，虫体可随冰凌而落。

（2）保护天敌。保护和引放瓢虫、草蛉、寄生蜂等天敌。

（3）化学防治。刚落叶或发芽前喷含油量为10%～15%的柴油乳剂，也可用矿物油乳剂，如混用化学药剂效果更好。若虫孵化至形成蜡壳以前，喷洒50%马拉硫磷乳油600～800倍液或50%稻丰散乳油1 500～2 000倍液。夏秋季0.5%柴油乳剂18～20倍液，冬季用3%～5%柴油乳剂或松脂合剂8～10倍液进行防治。

七、苹梢鹰夜蛾

1.危害特点　苹梢鹰夜蛾又称苹果梢夜蛾。属鳞翅目夜蛾科。主要分布于辽宁、河北、河南、山西、陕西、甘肃、江苏、山东、云南、贵州、福建、广东、四川、台湾等省。除危害苹果外，也危害柿、梨、李、栎等树。幼虫专食嫩梢，严重时全树的新梢生长点被食或咬断，顶端数叶仅留主侧脉及残留碎屑，形成秃梢，直接影响新梢的正常生长和发育。在苗木上受害尤为严重。

2.形态特征

（1）成虫。体长14～18mm，翅展34～38mm。个体间体色有变化，基本有两色型：一种前翅紫褐色，密布黑褐色细点，外横线和内横线呈棕色波浪形，肾状纹有黑边，其余线纹不明显，后翅棕黑色，后缘基半部有一黄色圆形大斑纹，臀角、近外缘中部和翅中部各有一橙黄色小斑；另一种前翅中部为深棕色，前缘近顶角处有一半月形淡褐色斑，后缘为淡褐色波形宽带，后翅花纹与前一色型相同。两色型翅的反面斑纹相同。

（2）卵。呈鱼篓形，初产为污白色，卵面有放射状隆起纹。之后，卵中央显出红褐色圆斑，近孵化时全体红褐色。

（3）幼虫。体长30～35mm。头部黑色或黄褐色，体色多变，有淡绿色，或体淡绿色，两侧各有1条逐渐减淡的黑色花纹，或体黑色，或黑体上有黄色斑等等。

（4）蛹。长14～17mm，红褐色至深褐色。臀刺4个并列，中间两个稍大。

3.发生习性　北方地区大多发生1代，少数可以完成2代，以蛹在土壤中越冬。越冬代成虫于5月中旬到6月下旬发生。高峰期在5

苹梢鹰夜蛾

A.危害状　B.体色不同的幼虫

月下旬。6月上旬开始出现幼虫，幼虫吐丝将叶互相粘连，蚕食嫩叶。幼虫非常活泼，稍受惊动即滑落至地面，食料不足时，幼虫可转移危害。危害盛期在6月中、下旬，幼虫老熟后落地入土2cm左右处或在地面覆叶下化蛹。7月下旬至9月上旬可陆续见到当年第1代成虫，成虫白天潜伏在叶背下，夜间活动，趋光性强，有迁飞习性。卵多产在新梢顶端第3～5枚嫩叶背面的毛丛中，单粒散产。第2代幼虫危害很轻，这与寄主的叶片老化有关。

4.防治方法

（1）做好测报。每年5—6月在果园附近设置黑光灯监测成虫发生情况，根据诱蛾数量预测幼虫发生量，及早做好准备，指导防治工作。

（2）人工防治。发生量少时在苗圃地可人工捕杀幼虫；冬季深翻树盘，杀死越冬蛹。

（3）化学防治。幼虫危害初期对柿树新梢喷布杀虫剂，药剂可选用50%杀螟硫磷乳剂1 000倍液、50%辛硫磷乳剂1 000倍液或青虫菌6号液剂500～1 000倍液，也可使用2.5%溴氰菊酯乳油或20%氰戊菊酯（杀灭菊酯）乳油3 000～4 000倍液。

八、日本双棘长蠹

1.危害特点　日本双棘长蠹又名双齿长蠹虫，云南也有称"边材小蠹"的。属鞘翅目长蠹科，是近年新发生的害虫。危害国槐、栾树、柿树、苹果、海棠等，且有日趋严重之势。以成虫和幼虫蛀食幼树主干和大树上1～2年生枝条的木质部，造成枝条枯死、风折，导致减产，树势衰弱，甚至整株死亡。

2.形态特征

（1）成虫。体长4～7mm，圆筒形，黑褐色，体两侧平直，密被淡黄色短毛。触角10节，端部3节栉片状，向内横生。前胸背板长宽相等，小盾片近方形，鞘翅刻点沟大而深，鞘翅末端斜面上生有双棘，棘端钝。

日本双棘长蠹

A.危害状　B.成虫

（2）卵。长椭圆形，长约0.4mm，黄白色。

（3）幼虫。体弯曲，乳白色，口器红褐色，胸足3对，体节侧面和腹末着生黄褐色刷状长毛，老龄幼虫体长4～6mm。

（4）蛹。初乳白色半透明，后渐变为黑褐色，裸蛹，体长4～5mm。

3.发生习性　1年发生1代，跨年度。以成虫在枝干的蛀孔内越冬。翌年柿树开始发芽时恢复取食，补充营养。4月中旬爬出坑道交尾，再返回坑道内产卵，产卵100多粒，卵期5～7d，4月中、下旬始见幼虫，幼虫顺枝条纵向蛀食木质部，粪便排于坑道内。随着龄期增长，逐渐向皮层蛀食，枝干表皮出现0.5～0.7mm孔洞。幼虫老熟后在坑道内化蛹。5月下旬至6月上旬陆续化蛹，蛹期6～7d。5月底至6月上旬成虫羽化。新羽化成虫继续在坑道蛀食，群居坑道内反复蛀食，使受害枝干只留表皮，成虫有自相残杀的习性。6月下旬至8月上旬高温，白天常爬出坑道避暑，晚上再回坑道。10月中、下旬，成虫转移到直径13～15mm的1～3年生枝上危害，蛀入皮层后呈环形蛀食，一头成虫可蛀2～3个枝条，1年生枝多在芽的上下方蛀入，2年生枝多在果柄上下方或修剪伤口处蛀入。树势强的枝条受害轻，树势弱枝条受害重。受害枝条易被风吹折，或稍遇外力便被折断，严重影响生长和结果。

4.防治方法

（1）农业防治。加强栽培管理，增强树势，防止大小年结果。结合整形修剪，剪除有虫孔的枝条，及时拾净落地虫，枯枝集中烧毁，减少虫源。

（2）化学防治。在成虫4月出坑交尾期和夏季高温白天出穴避暑时，小枝喷80%敌敌畏或50%辛硫磷1 500～2 000倍液，杀死外出的成虫。

九、绿盲蝽

1.危害特点　国内除新疆、西藏、内蒙古、广东未见报道外，其他地区均有发生。寄主植物有柿、棉、苜蓿、玉米、高粱、木槿、葡萄、苹果、李、杏、枣等，以成虫和若虫刺吸寄主植物的梢、幼叶、花蕾、幼果汁液。受害叶片形成许多穿孔。顶芽受害造成腋芽丛生，引起落花落果。

绿盲蝽危害状

2.形态特征

（1）成虫。体长约5mm，宽2.5mm左右。黄绿、绿或浅绿色。头部略呈三角形，黄绿色，复眼黑褐色。触角第2节最长，约等于第3节和第4节长度之和。前胸背板上具极浅的小刻点，前缘与头相连部分有一领状脊棱。前翅绿色，上具稀疏黄色短毛及细微刻点，膜片透明，略呈暗色。足绿色，胫节具黑褐小刺。腹面绿色，腹中央微隆起，稀有小短毛。

（2）卵。长约1.4mm，宽1mm，口袋形，中部稍弯曲，淡绿色，具瓶口状卵盖。

（3）若虫。五龄若虫体长约5mm，绿色，生褐色稀短毛。触角淡黄色，足黄绿色，跗节端部及爪黑褐色。具翅芽，长达腹部第3节后缘。

3.发生习性　山西中南部、陕西关中、河南安阳一年发生3～5代，35°N以北以卵越冬，32°N附近卵及成虫均有，长江以南则多以成虫越冬。山西越冬卵在4月初孵出，4月末羽化为第1代成虫，主要集中在苜蓿田内，危害苜蓿的嫩叶和花序。第1代成虫在5月上旬产卵。第2代在5月中旬孵出，6月初羽化，主要在棉田、柿树刺吸危害。第3代在7月初孵出，第4代在8月中旬孵出。直到10月上、中旬，成虫于越冬寄主苜蓿的根茬及石榴、木槿的嫩枝、断枝内产卵，产后很快死亡。危害最严重的时期为5月，此时枝叶繁茂，直到10月中旬茎叶变老后，才逐渐消失。

各虫态历期：卵期在20℃时为11～15d，25℃为7～12d，30℃为6～8d，35℃为6～7d。若虫期在20℃时为18～27d，30℃为9～15d，35℃为8～15d。成虫寿命除越冬代，一般35～50d，最长可达90多d，产卵前期6～7d，产卵期30～40d。卵产于寄主的嫩叶主脉、叶柄、花蕾内、花苞缝隙及嫩茎中，一般2～3粒排成一列。

4.防治方法

（1）农业防治。在秋后或早春，将柿园周围和园内杂草清除干净，集中烧毁或用来积肥，可消灭越冬卵。柿园间作苜蓿的，最后一次收割要齐地割，并清除田间的残枝。对茬子，可割下其上部，及时埋入土中作绿肥，能消灭其上的一部分卵和若虫。柿园内最好不要间作豆类。

（2）生物防治。绿盲蝽的天敌较多，应在充分调查绿盲蝽的发生情况下考虑是否使用化学防治。在其天敌足以把绿盲蝽控制住的情况下可不考虑化学防治，或适当推迟化学防治时间，充分发挥天敌对绿盲蝽的自然控制作用。

（3）化学防治。首先要做好虫情监测工作。春季，察看柿园内间作的油菜、苕子、苜蓿和蚕豆等作物上的绿盲蝽发生情况。如发生多时，应对这些作物进行喷药防治。可以使用的农药为：每亩用2.5%敌百虫粉2kg杀灭第1代若虫，减少上树危害的数量。柿树嫩叶长出后，要仔细检查有无若虫危害。一旦发现，应及时防治。可以使用下列药剂：90%晶体敌百虫、50%辛硫磷乳油、50%马拉硫磷乳油1 000倍液，或10%吡虫啉可湿性粉剂800倍液。

十、其他害虫

危害柿树的害虫还很多，但发生不普遍或危害性较小，防治比较容易。现简单介绍如下。

1.介壳虫类　比较常见的还有草履蚧、东方盔蚧、梨圆蚧、红蜡蚧、角蜡蚧等，多数固着在寄主上吸食汁液，常有介壳保护，应在若虫孵化期喷药，即可达到防治效果。

2.蝽类　危害柿树的蝽类害虫主要有：茶翅蝽、麻皮蝽、细毛蝽、点蜂缘蝽、珀蝽等。以若虫和成虫吸食枝叶果的汁液，果实被害处果肉呈海绵状坏死，果微凹，略呈黑色，影响商品价值。可收集捕杀越冬成虫，在产卵期收集卵块和初孵若虫，在6月中旬至8月上旬，发生严重的柿园可喷杀虫剂防治。

3.蓑蛾类　危害柿树的主要有大蓑蛾、小蓑蛾、黛蓑蛾、白囊蓑蛾等。幼虫背负着用植物残屑和吐丝缀连的护囊，蚕食叶片使之呈现大小不等的孔洞和缺刻，有时还啃食嫩枝和果实等。可以通过摘除护囊及在低龄幼虫危害期喷布敌百虫、青虫菌等药物进行防治。

4.刺蛾类　危害柿树的主要有黄刺蛾、双齿绿刺蛾、扁刺蛾、梨娜刺蛾、白眉刺蛾等。幼虫幼龄时啃食叶肉，残留叶脉呈箩网状，后期幼虫蚕食叶片形成缺刻，严重时可将树叶全部吃光。幼虫体上有枝刺，刺及人体肤后红肿而疼痛。可结合冬剪剪除越冬茧，利用低龄幼虫群集叶背危害的习性，发现叶片有白色网眼状危害特征时，人工摘除叶片，将虫踩死，在幼虫危害初期可喷布敌百虫、氯氰菊酯等杀虫剂防治。

5.毒蛾类　常见危害柿树的毒蛾有舞毒蛾、古毒蛾、黄尾毒蛾、苹毒蛾、金毛虫、折带黄毒蛾等。幼虫体上有长毛，蚕食柿叶，严重时能吃光叶片。可用以下方法防治：人工搜杀卵块；诱杀或阻杀幼虫；在幼虫危害初期选喷溴氰菊酯、灭幼脲等农药。

6.金龟子类　有黑绒金龟（食芽和嫩叶）、小青花金龟（食花）、四纹丽金龟和毛喙金龟（食叶）、白星金龟（食果）等。幼虫蛴螬主要食根。可利用各自的趋光性、趋化性、假死性等习性进行诱杀或捕杀，或喷驱避剂、胃毒剂赶走或杀死成虫。

7.咖啡木蠹蛾　以幼虫蛀食木质部，使被害的枝条枯死。结合冬季修剪，剪除带虫枝并及时烧毁，减少虫源；利用黑光灯诱杀成虫；发现被害株，及时剪除烧毁。

8.细须螨　危害柿树和君迁子新梢叶片，严重时柿叶片变苍黄色，引起幼果脱落。发现危害可喷三唑锡悬浮剂防治；也可清园，减少越冬成螨。

9.黑蓟马　以成虫和若虫危害柿树的叶片，受害叶片纵向卷曲成畸形。及时摘除新梢被害嫩叶，或喷施常用杀虫剂进行防治。

10.蝉类　大青叶蝉、蚱蝉、八点广翅蜡蝉、柿广翅蜡蝉、小绿叶蝉、茶乌叶蝉等蝉类，以成虫在枝条上产卵、吸食树液，对柿树有一定伤害。结合冬季修剪，剪除产卵枝条并集中烧毁，或于若虫盛孵期喷施杀虫剂来进行防治。

其他害虫

A.草履蚧　B.茶翅蝽　C.大蓑蛾　D.黄刺蛾　E.黄尾毒蛾　F.小青花金龟
G.咖啡木蠹蛾　H~I.细须螨　I~K.黑蓟马　L.大青叶蝉

第八章　柿主要病虫害防控

🎃 本章小结

　　本章详细介绍了柿树在生长过程中可能遇到的多种病虫害及其防治方法。首先，文中列举了柿角斑病、柿圆斑病、柿炭疽病、柿疯病、柿白粉病、柿叶枯病、柿蝇粪病、柿灰霉病、柿癌肿病、柿黑星病和日灼病等11种主要病害，每种病害都详细描述了其危害症状、发病规律和具体的防治措施。

　　其次，本章还对柿蒂虫、桃蛀螟、柿斑叶蝉、柿绵蚧、柿粉蚧、龟蜡蚧、苹梢鹰夜蛾和日本双棘长蠹等主要害虫进行了阐述，包括它们的危害特点、形态特征、发生习性和防治方法。此外，文中还简要提及了一些其他危害柿树的害虫，如介壳虫类、蟥类、蓑蛾类、刺蛾类、毒蛾类、金龟子类、咖啡木蠹蛾、细须螨、黑蓟马和蝉类，并提出了相应的防治措施。

　　本章为柿树病虫害的防治提供了较为全面和系统的指导方案，涵盖了农业防治、物理防治、化学防治和生物防治等多种防治手段，旨在帮助果农有效控制病虫害，保障柿树的健康生长，提高果实品质。

第九章 柿主要自然灾害防御

柿树常发生的自然灾害有寒害、雹灾、风灾及鸟害等，对各种自然灾害都应贯彻以防为主的原则，加强综合管理，才能取得良好的防治效果。本章分述了常见的自然灾害及其防治措施。

第一节　寒　　害

柿的耐寒性与树龄、树势、土质、地势、管理水平、肥料种类、柿树品种、生育阶段及温度变化剧烈程度有关。一般来说，大树较幼树耐寒、幼树较当年定植的树耐寒；树势强健的较树势衰弱的耐寒，这与根系吸水多少、输导快慢有关。壤土地比沙土地耐寒，沙土地温度变幅大，容易发生冻害。地处山口或地势低洼的地方较坡地或空旷地栽培的容易受冻，因为冷空气从山口进入低谷，停滞在低洼地中。管理水平高的柿园树势强健，管理水平低的柿园树势衰弱，前者比后者耐寒。过于偏重氮肥，枝条不充实也易受冻。以品种来说，不完全甜柿较完全甜柿耐寒性强，不完全甜柿中禅寺丸较西村早生耐寒性强，完全甜柿中次郎较大秋耐寒性强。就不同的生育阶段来说，休眠期较生育期耐寒性强，萌动的较发芽或展叶的耐寒性强。在生产中应针对不同情况选择适宜的御寒措施。

一、发病表征

1.叶片变黄、枯萎　寒害导致叶片的组织损伤，使叶片逐渐变黄，受寒害影响的叶片通常会先从边缘开始变黄，逐渐蔓延到整个叶片，最终枯萎脱落。

2.枝条枯死　寒害会引起柿树枝条的冻伤，导致枝条发生坏死，外观呈现褐色或黑色。受寒害影响的枝条往往会出现干裂、脱皮等现象，严重时整株枝条都可能发生枯死。

3.落果 寒害会影响果实发育，导致果实变小、变硬，质地变差，外观呈现变形、裂果等表征，严重时提前脱落。

4.不均匀成熟 寒害会使果实的成熟过程受阻，导致果实不均匀成熟，同一树上的果实可能大面积出现成熟和未成熟同时存在的情况，影响果实的采摘和销售。

5.植株整体衰弱 受寒害影响的柿树植株整体生长发育不良，呈现衰弱的状态。植株的叶片颜色变淡，生长缓慢，枝条疏松，整体观赏和经济价值下降。

二、防治措施

1.合理栽植 若秋植，则将苗按倒埋土防寒；春植应在春天土壤化冻后越早越好。柿树根含单宁较多，受伤后难愈合，发根也较难，因此移植时注意保留根系。柿树根系极易失水且不抗寒，苗木在运输途中必须保护好根系，不使其干燥或冻伤。土壤要深翻，栽植坑要大，施肥也要注意氮、磷、钾的适当配合。柿树根细胞渗透压较低，施肥浓度不要过高。氮、磷、钾比例为10：(2～3)：9，多施有机肥可增强土壤的含水能力。埋土深度视苗木而定，如果是嫁接苗，要比嫁接口高出3～5cm，以防冻坏嫁接口，一旦地上部受冻，嫁接口以上还可萌芽。柿喜湿润，为保持土壤水分，可用深坑浅埋的方法。栽后浇水要透，以后也要经常浇水，土壤相对湿度保持在田间持水量的80%以上。栽后定干，定干高度视苗木和栽培方式及密度而定，一般1m以上。萌芽后，土壤相对湿度保持在田间持水量的60%～80%。通过以上措施，新生的枝条旺盛充实，提高了抗寒性。以后每年春季萌芽前都要灌水。

2. 生长季调节控制　主要是控制幼树各主枝间的势力均衡和从属关系，以及调节营养生长和生殖生长之间的关系。柿幼树生长势旺，生长期要搭好骨架，整好树形，按树形结构选好主枝，并及时摘心，促生结果母枝，对生长到 20～30cm 的旺枝摘心，促生二次枝，增加枝的级次。一般栽植第 1 年重点培养骨干枝，并选留 1～2 个辅养枝。第 2 年重点培养主枝和侧枝，此时辅养枝因为没有被短截，直接抽生结果枝并出现花蕾，一般不纯果或少量结果。第 3 年重点培养结果母枝，并继续短截向外延伸的主枝或侧枝，一级骨干枝上没有被短截的枝成为结果母枝。第 4 年进入结果期，除培养树形外，还要注意疏花疏果，使枝量适宜，负载合理，以营养生长为主，生殖生长为辅，强健树势。进入结果期后还要注意肥水调节，追肥时期应在枝叶停止生长后、花期前（5 月上旬）进行第 1 次追肥，7 月上、中旬前期生理落果后进行第 2 次追肥，此时期多施钾肥，少施氮磷肥，每次施肥后都要浇水。

3. 秋施基肥　基肥于秋后采果前（9 月中、下旬）施入，以有机肥为主。此时枝叶已停止生长，果实将近成熟，消耗养分极少，而叶片尚未衰老，正值养分积累时期，根系也处于缓慢生长阶段，此时施入基肥可增强光合作用，促进营养积累，使树体充实，提高抗冻能力，也为翌春枝叶生长和开花坐果打好基础。施肥后浇水有利于肥效的发挥，并保护根系，使根系不受冻害。

4. 冬季防护

（1）**绑缚塑料条**。主干用塑料条绑严。保持塑料袋内的少量空气，绑紧最下部和最上部，中间部分用稀疏的绳线缠住。

（2）**及时清理树下雨雪**。雨雪堆积过多或树下有积水，容易造成雨雪白天化、晚上冻，在张力作用下树皮开裂，一旦开裂，意味着柿树的形成层与木质部分离，冻裂的形成层逐渐干枯，树体逐渐死亡，所以要及时清理树下雨雪或积水。

（3）喷洒防寒剂。在寒冷的天气可以使用防寒剂喷洒柿树，增加其抵御寒害的能力。常用的防寒剂有石硫合剂、多效唑等。

（4）选择适宜的地理环境。在种植柿树时，要避免选择寒冷的地区。特别是在北方地区种植柿树时，要选择阳光充足、排水良好的地块。

（5）合理修剪。及时修剪枝干和枝条，去除枯死和受损部分。修剪可以改善柿树通风透光条件，减少寒害发生，还可以控制树冠的大小和形状，提高柿树的抗风能力。

（6）加强根系管理。可以通过合理浇水和覆盖保湿材料等措施来达到保持土壤湿润的目的，进而增加根系的强健程度，提高柿树的抗寒能力。

寒害对柿树的生长发育和果实产量具有严重的影响。为了预防寒害发生，种植者应选择适宜的地理环境，增施有机肥料，合理修剪，覆盖保护，喷洒防寒剂，加强根系管理，进而提高柿树的抗寒能力，维护其正常生长和果实产量稳定。科学管理和综合防治措施的应用，可有效降低寒害的风险，提高柿树的抗寒能力，实现柿树产业的持续发展。

第二节 雹　　灾

柿树生产在日常栽培管理过程中，除了受常规的果树品种、土肥水管理、整形修剪、病虫害防治等因素影响外，天气因素带来的影响往往是不容忽视的。比如冰雹，很多人误以为冰雹只发生在夏季，实际上在春季也会下冰雹，而硕大的冰雹颗粒砸下来，对于果园生产的影响往往是灾难性的。冰雹的形成和雨雪一样，但只有对流发展特别旺盛的积雨云才可能形成冰雹。春夏之交，由于冷暖气流交汇明显，天气系统稳定性差，比较容易出现冰雹等强对流天气。夏天温度高，空气湿度较大，有利于大气中能量的积蓄，一旦遇到触发机制容易引发强对流天气（如大风、冰雹），破坏力更强。虽然这种积雨云移动的速度特别快，很短时间就可以走几十千米，但常受到地形的限制，一般沿山脉、河谷移动，形成一条狭长的降雹区。科学预防柿树生产过程中的冰雹危害对于柿产业发展较为重要。

一、发病表征

1.果实外观损伤　冰雹会对果实造成机械伤害，外观上会出现果皮破裂、凹陷、破碎等现象，严重时果实会脱落。

2.果实内部损伤　冰雹对果实的内部组织也会造成损伤，导致果肉破碎、果渣增多等。受损果实的果肉质地变软，口感变差。

果实外观损伤

果实内部损伤

3.**枝干断裂或折损**　严重的雹灾会导致枝干断裂或折损，外观上呈现明显的断裂或折曲状态，断裂或折损的枝干无法正常供应水分和养分，从而影响柿树正常生长。

4.**叶片损伤**　冰雹会对叶片造成物理创伤，使叶片出现撕裂、破损等现象。受损的叶片会变黄、枯萎甚至脱落，影响柿树的光合作用和营养供应。

5.**植株整体衰弱**　冰雹会对柿树的生长发育产生不利影响，特别是多次遭受严重冰雹的柿树，植株整体呈现衰弱、生长受阻的状态。

叶片损伤

二、防治措施

雹灾的预防与应对应该本着"预防为主，补救为辅"的原则，做好灾前预报预警和灾后补救，可以采取以下措施。

1.**灾前预防**　做好预防工作可有效减轻甚至避免冰雹危害。冰雹的形成有显著的气象特点，所以进行科学预防是可行的。

2.**人工防雹**　根据气象预报的冰雹云来向，利用空炸炮或土迫击炮，采取爆炸法抑制冰粒形成。气象部门应在果实生长发育期，对冰雹云及时识别、预报，以便果品主产乡镇及时采取防雹减灾措施。各果品主产乡镇在雹灾易发季节应提高重视程度，与气象局、人民防空办公室密切联系，本着"打早打小，打准打狠；战前必报，每战必录"的原则提前做好雹灾预防工作，随时准备进行防雹作业，将冰雹造成的损失降到最低。

3.配备防雹网　在果园上部悬挂专用的防雹网，一般可连续使用5年。防雹网四周边缘垂挂至地面还可防止鸟害、风害和日灼。

4.购买商品林保险　目前国内多家大型保险公司均已开通商品林保险业务，大型果园或果品主产乡镇可以个人或村为单位投保，能在果树遭受雹灾、火灾、重大蝗灾等灾害后依法获得赔偿。由于商品林保险目前享受国家政策补贴，所以农户投保所需资金非常少，能以较少的经济投入获得较高的经济赔偿。

5.灾后补救管理

（1）及时清园，减少病源。灾后要及时清理果园内沉积的冰雹、残枝、落叶及落果等。对于雹灾过后有积水、淤泥的果园，应及时排出积水，清除淤泥；对皮裂枝破、叶片破碎的重灾果园，要全面清除地面落叶、落果，摘除无商品价值的伤果，保留部分雹坑较小的果实，减少当年损失。

（2）修剪枝条，合理留枝。雹灾过后，应及时剪除折断的枝条，对于雹伤密度大、破皮重、无法恢复的枝条要从基部或完好处剪掉，多留雹伤轻的发育枝或枝组。剪口下的芽会迅速萌发，根据树形需要适当保留新萌发的枝条，补充断枝的空缺，其他扰乱树形的萌条和树基部的萌条全部疏除。主干、主枝和一些较大侧枝的皮层被冰雹打伤后，应及时刮除翘起的烂皮，并涂抹甲基硫菌灵、戊唑醇等药剂，保护伤口。对面积在1cm²以上的伤口，在涂药的同时，还应用塑料条包扎，以加速伤口的愈合。

（3）及时喷药，清除病源。每隔10～15d喷一次杀菌剂（如甲基硫菌灵、菌毒清、多菌灵等），连喷2～3次，以预防病菌侵入。喷药时，可加入芸苔素、黄腐酸、氨基酸等叶面肥。

（4）疏松土壤，菌剂灌根。雹灾后土壤通透性变差，地温偏低，根系生长受到影响，应连续翻土2～3次破除板结，提温透气透水，促进根系的生理活动。翻土时配合施用微生物菌剂可改善根际环境，增加土壤透气性，促进根系发达，抑制有害真菌及细菌侵染，减少病虫害发生，从而达到修复伤口、快速恢复树势的目的。

（5）追肥补养，恢复生机。一是叶面喷肥，解决树体营养不足的问题；二是地下追施平衡型氮磷钾复合肥，每株施肥0.5～1kg。在果树恢复生机后，施肥以农家肥为主，并配施适量化肥。

（6）管理花果，提高品质。花期遭受雹灾，要及时进行人工授粉，提高当年坐果率。幼果期遭受雹灾，要及时疏除雹伤严重的残次果。对套袋果品要适度推迟套袋时间，避免伤口没有愈合就套袋，使果子在袋内感染、溃烂。后期要加强日常管理，提高果实品质，减少损失。

雹灾对果实和植株造成了严重的危害，给柿树种植者带来了经济损失。为了防止雹灾带来的危害，可以采取防护设施建设、科学管理、多品种混种和保险投保等措施。科学管理和综合防治措施的应用能够有效降低雹灾带来的风险，确保柿树稳定生长。

第三节　风　　灾

柿树的木质较柔软，对风灾的抵抗能力相对较弱，容易遭受狂风的破坏。风灾不仅会影响柿树的生长发育和果实产量，还可能引发树枝断裂、植株倒伏等严重后果。因此，了解柿树风灾的危害以及相应的防治措施，对于保护柿树的生长和提高果实产量具有重要意义。

一、发病表征

1.枝干断裂　柿树的木质较柔软，容易受到风力的冲击而导致枝干断裂。严重的风灾可能造成柿树树冠的大面积缺失，影响整株树的生长和形态。

2.叶片脱落　风灾会导致柿树叶片受到风力的挤压和刮擦，进而导致叶片脱落，叶片的脱落会严重影响柿树的光合作用和营养供应。

3.果实脱落　柿树果实的质地相对较软，容易受风力的影响而脱落，风灾会导致果实的脱落率增加，降低果实的产量和品质。

4.倒伏和植株死亡　在强风的作用下，柿树的根系可能无法稳固在土壤中，导致植株倒伏，甚至死亡。严重的风灾会给果树种植者带来巨大的经济损失。

5.病虫害易感　风灾对柿树的破坏使其易受病虫害的侵袭，给柿树的健康和生长带来更多的威胁。

二、防治措施

1.提高长、中、短期预报能力　预报是减灾活动的先决条件，也是减轻灾害损失的主要措施。要充分发挥科研对业务的支撑作用，规范灾害性天气预报、预警业务流程，努力提高对灾害性天气的预报、预警能力。利用天气雷达、卫星资料、自动站资料、数值预报产品，提高和改进短期、超短期预报精度。利用气候模式预测产品、各种统计预测模式建立中期和长期预测系统，从而提高较长时效的预测水平，为防灾减灾做好充分准备。

2.建立果园防风带　在柿树周围建立果园防风带，如种植高大的乔木或竹子等，形成有效的屏障，从而减轻风力对柿树的冲击。防风带的建立可有效防治柿树生产中遇到的风灾问题。

3.果树支撑　使用支柱或固定装置将柿树的主干和主要枝条与地面固定，增加稳定性，减轻风灾的影响，可较大程度缓解风灾对柿树的影响。

4.定期修剪　定期修剪柿树的枝干和枝条，去除病弱和过密的枝叶，提高柿树的通风透光性，一方面减轻风灾对柿树的破坏，同时也可增强树体的长势，提高柿树对风灾的抵御能力。

5.合理密植　合理安排柿树的栽植密度，避免过于密集，以减少同株柿树之间的相互摩擦和竞争，同时增强果树之间的通风效果，增加树体的稳定性，可有效增强柿树对风灾的抵御能力。

6.控制树冠大小　可以通过修剪和疏缩枝条的方式，控制树冠的大小和形状。避免树冠过大，以减少风力对树体的冲击。

7.加强根系管理　保持土壤湿润，增加根系的强健程度，提高柿树的抗风能力。

8.科学施肥　合理施用氮、磷、钾等营养元素，提高柿树的抗逆性和免疫力，增加柿树抵抗风灾的能力。

9.避免风口建园　选择适宜的种植区域是柿树抵御风灾最关键的举措，在不适宜的迎风口区域，柿树遭遇风害的概率要远高于避风口。

第四节　鸟　　害

在柿树生长期间，柿树常常受到各种鸟类的侵害，严重影响果实的产量和品质。果园中，鸟类啄食果实，不仅直接影响了果品的产量和质量，而且被啄果实的大量伤口有利于病菌繁殖，使病害发生流行。同时，春季鸟类还会啄食果树嫩芽、踩坏嫁接枝条等，因此必须采取适宜的方法进行防控。有效的鸟害防治措施应是多种方法的有机组合和综合应用。

一、发病表征

1.果实损坏　鸟类常常啄食柿树的果实，造成果实表面的划痕、凹陷、破损等，降低果实的品质和商业价值，严重的鸟害还可能导致果实断裂或脱落，使果实无法正常发育。

鸟类啄伤柿果

2.果实减产　鸟类啄食果实会造成落果增加，使柿树的产量明显降低。

3.疾病传播　某些鸟类可能携带病菌，通过啄食柿树果实，将病菌传播到果实上，导致病害的发生和蔓延。

4.叶片损害　部分鸟类可能啄食柿树的叶片，导致叶片损伤、凋落，使光合作用受阻，影响柿树的生长和营养供应。

二、造成柿树鸟害的主要鸟类

1.白头翁　白头翁是一种中等体型的鸟类，常见于柿树种植区域。它们喜欢啄食柿树的果实，特别是成熟的柿子，造成果实的损坏和落果增加。

2.麻雀　麻雀是一种常见的小型鸟类，也是柿树鸟害中的常见元凶之一。它们喜欢啄食柿树果实，尤其是柿子成熟之后，会聚集在柿树周围进行啄食，导致果实损坏而减产。

3.燕子　燕子是一种善飞的鸟类，它们常常在柿树附近筑巢。尽管燕子主要以昆虫为食，但在果实成熟时，它们也会啄食柿树的果实，造成果实损坏。

4.鸽子　鸽子是一种常见的中型鸟类，它们也会对柿树的果实产生兴趣。尤其是在食物资源紧缺时，鸽子会啄食柿树的果实，对柿树产生损害。

这些鸟类并不是在所有柿树种植区域都存在，具体的鸟害种类和程度可能会因地理位置、季节和环境条件等因素的不同而有所差异。因此，在防治柿树鸟害时，应根据当地情况进行具体分析，并采取相应的防治措施。

三、防治措施

1.果实套袋　果实套袋是最简便的防鸟害方法，同时也防病、虫、农药、尘埃等对果实的影响。套袋时一定要选用质量好、坚韧耐用的纸袋。在鸟类较多的地区可用尼龙丝网袋进行套袋，这样不仅可以防止鸟害，而且不影响果实上色，但是成本相对较高。

2.架设防鸟网　防鸟网既适用于大面积的果园，也适用于面积较小的果园。在山区的果园最好采用黄色的防鸟网，平原地区的果园最好采用红色的防鸟网。在冰雹频发的地区，应调整网格大小，将防雹网与防鸟网结合设置。但防鸟网成本较高，使用寿命短，每年果实采收后必须收起来，比较费工，而且受烈日暴晒和风雨侵蚀容易老化破裂。

3.驱鸟器驱鸟　有些地区已经开始使用智能语音驱鸟器。据报道，智能语音驱鸟系统可持续、有效地实现果园、农田、鱼塘的广域驱鸟，最大有效面积可达50亩，目前已成功应用在樱桃、枸杞、葡萄、梨、苹果、杨梅、谷子等作物上，驱鸟效果较好。

4.驱鸟剂驱鸟　驱鸟剂主要成分为天然香料，稀释后对树冠喷雾，雾滴黏附于树冠上，可缓慢持久地释放出一种影响鸟类中枢神经系统的清香气体，鸟雀闻后即会飞走，有效驱鸟且不伤害鸟类。

5.樟脑丸驱鸟　主要是借助樟脑丸的特殊气味驱鸟。一般樟脑丸散发气味维持时间可达15d左右，可在这段时间内使鸟类不敢接近果实。要选用质量好、气味浓的樟脑丸，并且要悬挂到果树上较高的地方，按果园面积大小确定数量。将樟脑丸用纱布包成小包，每包放置3～4粒，于桃、梨、葡萄等果实快成熟时，或者是套袋果去除果袋后，挂在树梢顶端，一般每棵果树挂1～2包，即可达到防治鸟害的目的。

6.鸟类食物诱导　在柿树周围设置鸟类食物诱导装置，吸引鸟类去其他地方觅食，减少对柿树果实的啄食。

7.鸟害监测　定期巡视果园，观察鸟害情况，及时发现问题并采取相应的防治措施。

第十章　柿采收与采后处理

第一节　采收

一、不同品种成熟期差异

柿品种与其他果树品种一样，也分为早、中、晚熟品种。在一个地区栽培不同成熟期的品种，不仅可以延长果实采收的时间，延长果品的供应期，而且还能增加市场品种，使消费者有更多的选择。

1.早熟品种　柿子的早熟品种单从成熟期来说，南北方栽培品种的表现不同，最早的可以在7月中、下旬上市，稍后到8月中旬至9月下旬成熟的柿果均可作为柿子的早熟品种对待。例如，七月鲜在部分地区7月中旬成熟，七月早在8月初成熟，胎里红在8月中旬成熟，早秋、伊豆、西村早生等甜柿品种在8月中、下旬至9月初均可成熟。早熟品种可占所有柿品种的20%～25%。

2.中熟品种　我国柿主产地的大多数品种属于中熟品种，成熟期在10月中旬至下旬，这一时期是柿成熟上市最集中的时间，产量占到70%以上，品种数量也最多，各地都有品质优良的品种。

3.晚熟品种　柿品种中的晚熟品种也不在少数，如甜柿中的富有、宝盖甜柿、骏河，涩柿中的元宵柿、京柿等。晚熟品种的成熟期在11月中旬至12月上旬。

二、不同用途品种的采收期

1.鲜食品种　柿品种在食用上可以分为脆食和软食，统称为鲜食品种。用于鲜食的软食品种在充分成熟以后采摘较好，此时糖度高、风味也好，可以选择品质优良的早熟涩柿品种，也可选择优良的中晚熟品种。这些品种采收后可以在室内自然放置，待软化后，就近市场销售；也可以采收后装箱，每箱中喷适量乙烯利，在运输途中完成脱涩软化，到目标市场后上市销售。用于脆食的涩柿，可在着色后2周左右采收；甜柿着色时虽已能吃，但风味不佳，故在最佳可食期采收为宜。脆食的品种采用硬果脱涩法（石灰水、温水、二氧化碳等方法）脱涩后运往不同市场，运输距离主要取决于脱涩后硬果的货架期长短。成熟后树上已经脱涩的甜柿品种也可脆食，甜柿品种中也可分为早、中、晚熟品种，可以针对不同的目标市场生产不同比例的品种。甜柿品种的优点在于可以免去脱涩的步骤，硬果期比脱涩的涩柿要长，便于销售到国内外的各级市场。

2.加工品种　一般来说，所有涩柿品种都可以用于各类柿产品的加工，但有些柿品种做出的柿产品品质极为优良，因此可以将之称为专门的加工品种。加工柿饼用的柿子，如陕西的富平尖柿、广西的恭城月柿、山东的小萼子柿等，通常需在霜降后果实由橙转红、尚未软化时采收，此时果实含糖量最高、加工成的柿饼品质最优。用于鲜果贮存的品种在果实成熟而果肉仍然脆硬、表皮由淡黄色转为橙红色时采收。为了统一采收标准，各地可按品种成熟进程制成可显示成熟度的比色卡，按比色卡上标准的成熟颜色采收。

柿子属于浆果，果柄和萼片干枯后质地很硬，极易戳伤果实而引起腐烂。因此，作为鲜食用的柿子应直接从树上剪取，轻拿轻放，防止碰伤。现代成园栽培的柿树植株低矮，可直接剪取柿果；零星散生的百年以上的柿树树体高大，无法剪取，须用采果器、高枝剪、捞钩、夹竿等工具采摘，采下后再剪去果柄，操作过程都要轻拿轻放。采果笼筐内要衬垫软物，盛装不要过满，运输途中要防止颠簸。阴雨天采收的柿子湿度太大，容易腐烂，因此，采收应在晴天果面干燥时进行。

三、采收方法

柿子采收应该选在晴天，并且要求雨后不采，露水未干时不采。柿子的采收方法各地不一，但不外两种，即折枝法和摘果法。

1.折枝法　即用手或夹竿将柿果连同果枝上中部一同折下。这种方法的缺点是常把能连年结果的果枝顶部花芽摘去，影响第2年的产量；优点是折枝后可促发枝条更新，回缩结果部位。

2.摘果法　即用手或摘果器逐个将果摘下。这种方法可不伤果枝，使那些连年结果的枝条得以保留，采收应以此法为主。

采收柿果

第二节　采后处理

一、脱涩

柿子果实含有很多单宁物质，它存在于单宁细胞内，若果实中可溶性单宁含量在0.3%以上，吃起来就会感到很涩，如果可溶性单宁含量小于0.3%，涩味就会消失。因此，只要将柿果内的单宁由可溶性状态变为不溶性状态就能除去涩味，这种变化过程称脱涩。

脱涩的方法很多，传统的有温水脱涩法、冷水脱涩法、石灰水脱涩法、酒精脱涩法、自然放置法、植物叶（辣蓼、松针等）脱涩法、刺伤脱涩法、鲜果脱涩法、碱液脱涩法等，这些方法适用于家

庭、作坊等小规模经营。现代商
业性脱涩以及脱涩后以软柿供食
的柿子，多采用乙烯利法，以脆
柿供食的则用脱涩剂脱涩法和二
氧化碳脱涩法两种，部分品种也
有用真空脱涩法的。

1.民间现有的脱涩方法

（1）硬柿供食的脱涩方法。
用以下方法脱涩后的柿果，肉质
脆硬，味甜。这种柿子又称懒柿、
暖柿、温柿、泡柿、脆柿等。

温水脱涩：将新鲜柿果装
入铝锅或洁净的缸内（容器忌用

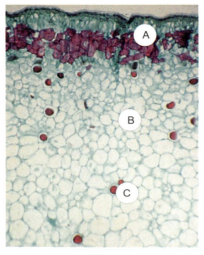

果实横切面

A.果皮　B.普通果肉细胞　C.单宁细胞

铁质，以防铁和单宁发生化学变化而影响品质），倒入40℃左右的温
水，淹没柿果，密封缸口，隔绝空气流通。保持温度的方法因具体
条件不同而不同，有的在容器下方生一个火炉，有的在容器外面用
谷糠、麦草等包裹，也有隔一定时间掺入热水等等。脱涩时间的长
短与品种、成熟度高低有关，一般经10～24h便能脱涩。但是用这
种方法脱涩的柿子味稍淡，不能久贮，2～3d后颜色发褐变软，不
能大规模进行。但该法脱涩快，小规模脱涩以及就地供应时，采用
此法较理想。

冷水脱涩：多在南方应用。将柿果装在箩筐内，连筐浸在塘内，
经5～7d便可脱涩。或将柿果浸于缸内，水要淹没柿果，水若变味
则换清水。也可在50kg冷水中加入柿叶1～2kg，倒入柿果，以水淹
没，上面覆盖稻草，经5～7d也能脱涩。一般来说，采收早，脱涩
时间长；采收迟，脱涩时间短。柿叶数量多，脱涩时间短；柿叶放

得少，脱涩时间长。当时的气温或水温高，脱涩时间短；气温或水温低，脱涩时间长。冷水脱涩虽然时间较长，但不用加温，也不需要特殊设备，果实也较温水脱涩的脆。

石灰水脱涩：每50kg柿果用生石灰1～2kg，先用少量水把石灰溶化，再加水稀释，水量要淹没柿果，3～4d后便可脱涩。如提高水温，可缩短脱涩时间。这种方法使柿果处于缺氧环境中，进行分子间的内呼吸，间接使单宁沉淀；同时，钙离子渗入单宁细胞中也会直接引起单宁沉淀，钙离子又能阻碍原果胶的水解作用。因此，脱涩后的柿果肉质特别脆。对于刚着色、不太成熟的果实效果特别好。但是，脱涩后果实表面附有一层石灰，不太美观；处理不当，也会引起裂果。

明矾盐水脱涩：明矾0.5kg，食盐4kg，溶于50kg水中，放入柿果浸泡6～7d即可脱涩。

酒精与食醋混合液浸泡脱涩：分别配制40%体积比的食品级酒精和40%体积比的食醋，按3份酒精，1份食醋，再按每1 000mL溶液加50g味精的比例将3种成分充分混合均匀，使味精完全溶解，将完好柿果浸入液体中36h可完成脱涩。

（2）软柿供食的脱涩方法。用以下方法脱涩后的柿果质软，可以剥皮。又叫烘柿、爬柿等。

与硬柿不同，除完成脱涩外，还要促使果胶物质发生变化。在鲜果中，果胶物质呈原果胶状态，不溶于水，是细胞壁的组成部分，与纤维素结合，使果肉组织呈紧密状态。当原果胶水解以后，变为果胶，转移到细胞液中，细胞壁失去了支持力而变得松弛，果实变软。以软柿供食的脱涩方法，一般采用以下几种。

①果实混装脱涩：柿果装入缸内，每50kg放入2～3kg梨、苹果、沙果、山楂等其他成熟的鲜果，分层混放，放满后封盖缸口，

成熟鲜果在缺氧的情况下释放出大量乙烯，促进了柿果的后熟，经3～5d便软化、脱涩，而且色泽艳丽，风味更佳。

②熏烟脱涩：依据地形与柿子产量，开挖一条宽度适中（1.2～1.4m）、深度为1.2m的横沟作为作业通道。紧接着，在沟侧巧妙设计圆锥形窑洞，底部宽70cm，深70cm，而洞口直径则控制在20～25cm，以确保烟雾能有效分布。窑洞底部一侧，开设一个20cm见方的火口，类似于煤炉结构，与窑洞底部保持约10cm的间隔。在这个间隔层中，精心钻设2～3个进烟小孔，并覆盖1～2片瓦，以达到烟雾均匀分散的效果。沿着横沟两侧，可灵活布设多个窑洞，相邻窑洞间距仅需保持80cm，充分利用空间。进行熏烟时，将柿果有序排列于窑洞内，满载后用砖块封住洞口，再以泥土密封，确保烟雾不外泄。通过火口燃烧柴草、树叶等天然燃料，使产生的烟雾经由小孔缓缓注入窑内，对柿果进行全方位熏制。每天早、中、晚各进行一次熏烟，每次投入约1.5kg燃料，持续3～4d，直至柿子软化脱涩。取出后放在通风处，散去烟味，便可食用。此过程不仅促使柿果在缺氧环境下进行呼吸作用，加速后熟，而且不完全燃烧产生的烟雾还进一步增强了这一效果，使得提早采摘的柿子也能呈现出与自然成熟相媲美的浓郁色泽。尤为重要的是，这种方法成本极低，非常适合柿子生产者采用。

③自然脱涩：南方许多地方的果实成熟后不采收，让它继续生长，等到软化后再采，吃起来已经不涩；北方常在柿果成熟后采下，经贮藏变软，吃起来也不涩。这种不加任何处理而脱涩的方法称自然脱涩。这种方法需要的时间较长，单宁含量多的品种，在温度较低的情况下，不能完全脱涩，但是自然脱涩的柿果色泽艳丽，味甜。

④酒精脱涩：将柿果装在酒桶或其他容器中，每层柿子果面均匀喷洒体积分数为35%的酒精或白酒，装满柿子后密封，在18～

20℃条件下，5～6d即可脱涩。最好在用于脱涩的酒精中加入适量醋酸。脱涩后的柿果半软。注意酒精不能过多，否则，果面容易变褐或稍有不适的味道。

⑤刺伤脱涩：利用机械伤害，加速果实进行分子间的内呼吸，促进后熟。方法是在柿蒂附近插入一小段干燥的细牙签，几天以后柿子就变软不涩，柿蒂虫、柿绵蚧等害虫引起柿果变软发红而不涩，也是这个道理。这种方法容易使柿果被微生物入侵，引起发酵或霉烂。

⑥植物叶脱涩：用柏树、松树、苹果树等植物的叶片，与成熟的柿果按一层叶一层果交替摆放进缸中，密封缸口5～7d即可脱涩。

⑦乙烯利脱涩法：将柿子果柄剪去，滴1滴乙烯利在剪去的果柄处，待乙烯利渗入后，便可装箱待运，经3～10d便可脱涩。也可以在采收前在树上喷布0.025%～0.1%的乙烯利水溶液，直至果面潮润；或于采收以后，连筐在上述溶液中浸渍3～5min，沥去余液，达到脱涩的目的。该方法的原理是：乙烯利在pH4.1以上开始分解，释放乙烯，随着pH的增高，乙烯释放速度加快。柿果pH在5左右，当乙烯利被吸收后，随即放出乙烯，从而达到脱涩目的。脱涩的速

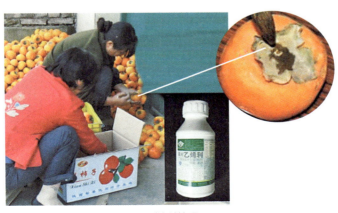

乙烯利处理

度快慢与品种、成熟度、药液浓度、时间长短及气温高低有关。用乙烯利脱涩简便有效、成本低廉，大小规模均可采用，后熟快而均匀，能减少损耗，节省劳力，在树上喷布时，可控制采收时间，调节市场供应。脱涩后的柿果，色泽艳丽且加深，无药害，但柿子很快变软，因此，在树上喷布脱涩的柿果必须及时采收。

2.商业规模化脱涩方法　涩柿品种经脱涩才能食用，长期以来，柿脱涩保鲜一直是柿生产和销售的重要制约因素。日晒或用石灰水、温水和酒精处理等传统方法脱涩，存在柿果易变软、变色，不适于贮藏和运输的问题。

国外普遍采用二氧化碳脱涩和酒精脱涩技术。其中，二氧化碳脱涩法操作简单、省时省工，既可大规模集中脱涩，又可少量分散脱涩，效率高而且成本较低，是目前商业应用最广泛的方法。近年，日本学者松尾又推出了CTSD（constant temperature short duration）脱涩法（快速恒温二氧化碳脱涩法）。该法采用恒温下高浓度二氧化碳脱涩，不但脱涩速度快，且能有效延长果实硬

二氧化碳脱涩装置

脆期。该技术在日本、韩国等已推广使用。

我国在许多地方也采用了二氧化碳脱涩技术，但因二氧化碳浓度和处理时间不当，导致柿子很快变色或是脱涩不完全，口感还有涩味，所以市场上很难见到甜脆的磨盘柿。国内已经试验探索了磨盘柿二氧化碳标准化脱涩技术参数。该法适于对大批量柿子进行脱涩。将箱装或筐装的柿子密封在大塑料薄膜帐内，充入压缩的二氧化碳气体，一般在25℃左右的温度条件下，帐内二氧化碳质量浓度

达60%以上，约24h可使柿子脱涩。若温度和二氧化碳浓度升高，脱涩时间可相应缩短。没有生产二氧化碳的工厂或缺乏二氧化碳钢瓶的中小城镇，采用盐酸（HCl）加碳酸氢钠（NaHCO$_3$）产生二氧化碳的化学方法，可以产生同样的脱涩效果，但成本较高，操作也不如二氧化碳钢瓶处理方便。

郑仲明等（2008）对北京磨盘柿脱涩因素进行试验研究，并进行了多功能磨盘柿保鲜库的研发及基地开发，试验结果表明，在北京地区，脱涩磨盘柿的最佳采收期为10月15日左右，脱涩温度控制在20℃，脱涩二氧化碳浓度为90%，脱涩时间48h。北京市房山区采用自主研制的多功能脱涩保鲜库对柿进行脱涩后可在该库中原地进行冷藏，冷藏温度为0℃，保硬天数达到30d。冷平（2003）等试验认为在22℃条件下，采用95%二氧化碳处理磨盘柿效果最好，硬脆货架期可以达到7d。说明高浓度二氧化碳处理磨盘柿不仅脱涩速度快，而且脱涩后保脆期长。究其原因，柿果脱涩过程由诱导期和自动脱涩期两步完成，高浓度二氧化碳能促进酒精和乙醛的生成，缩短了诱导期，减少了二氧化碳与果实接触的时间，对果实的伤害小，所以果实在脱涩后货架期较长。

3.运输途中脱涩　柿子的运输途中脱涩是把涩柿果实销往较远市场所采取的一种脱涩方法，目的是节省脱涩时间，尽量延长货架期，取得更好的收益。目前采用以下两种方法。

（1）**脱氧剂脱涩**。将采收后的柿子剪去果柄，细心拣去过生、过熟及病、虫、伤果，装入经过检查不漏气的聚乙烯薄膜袋中，按果重1%的比例称脱氧剂（以铁粉为主）和保脆剂（用高锰酸钾配制）并分别装入牛皮纸小袋中与柿子一起放入聚乙烯薄膜袋中，挤出多余空气后密封，经7～15d后便可脱涩。此法最早由陕西省化工研究院有限公司和陕西省供销合作总社共同研发，于1983年将长安柿子远销香港成功后，多家企业仿效应用。

（2）乙烯利法。将柿子果柄剪去，用毛笔蘸乙烯利点于果柄处，而后将蘸有药液的柿子逐个排放在容器内待运，到达市场时正好脱涩。

以上两法简单易行，其原理是给予柿果无氧环境，使果内产生乙醛等物质，将可溶性单宁转化为不溶性单宁，达到脱涩的目的。途中脱涩是否能成功，主要取决于脱涩的速度与途中所需时间是否相符。运输时间与市场位置有关，而脱涩的速度与品种、温度和药量有关。远销前必须认真进行模拟试验，待有把握时再应用，不能听信宣传便盲目行动。

二、分级与包装

为了提高柿子的商品价值，便于运输、销售和贮存，采收后须进行分级。数量不多时可用分级板，辅以目测，进行手工分级；大规模分级时，多采用流水线机械分级。

分级时首先剔除病虫果、伤果、污染果及畸形果，再按大小或重量分级。以次郎、阳丰为例：特级果横径在80mm以上，一级果横径70～80mm，二级果横径60～70mm，三级果横径60mm以下。以富平尖柿为例：一级果单果重180g以上，二级果单果重150～180g，三级果单果重150g以下。

果实分级

一般远销都用纸箱或泡沫塑料箱包装，箱子大小的规格应按品种、用途自行设计制作。用作礼品的，应设计精美、方便、小巧精致；以商品销售的，应按果形大小及搬运方便而定。箱子的用料质量需考虑耐压程度、路途远近、成本高低等因素。就地销售的，用筐、箱、盘等散装出售；贮存至淡季销售的，可用瓦楞纸箱、木箱或塑料转运箱等包装。

三、贮藏保鲜

贮藏保鲜可以延长供应期，调节市场供应。贮藏期长短与柿子品种的耐贮性、果实质量的好坏及贮藏的环境条件有关。一般晚熟品种比早熟品种耐贮藏，含水量少的比含水量多的耐贮藏，同一品种中迟采收的比早采收的耐贮藏，没有脱涩的比脱涩的耐贮藏，完整无损的果实比病、虫、伤果耐贮藏。贮藏的时间与温度高低、湿度大小、气体成分及生物等因子关系密切。高温会加速呼吸作用，使营养物质被消耗，柿子易受病菌感染；低温能抑制呼吸，可延长贮藏期，但温度过低柿子容易冻伤、变褐；湿度过大，果面有水珠，易发霉变质；空气中氧太多，柿子含糖量降低，味变淡；空气中含有乙烯气体，柿子很快变软。这些都应密切注意。

根据贮藏期降低温度便可降低柿果呼吸强度，控制乙烯产生便可延迟软化，延长贮藏期的原理，各地创造出一些贮藏方法，现分别介绍如下，各地可依气候和经济条件选用。

1.室内堆藏　选择阴凉、干燥、通气好的窑洞或楼棚，清扫干净，铺一层厚15～20cm的谷草（或稻草）。将选好的柿果轻轻地堆放在草上，堆2～3层（小果类可酌情多放，过厚时当柿果软化后容易压破，过薄占地太多）。此法在北方可使绵柿类品种贮藏至春节前后。

2.露天架藏　选择温度变化不大的地方，用木杆或钢材搭架。一般架高1m，过低影响空气流通，柿果容易变黑或发霉，过高操作不便。架面大小依贮量多少而定。架上铺箔或玉米秆，上面再铺一层谷草，厚10～15cm，把柿果轻轻堆放在草上，厚度不要超过

30cm，太厚了不通气，柿果容易软化或压破。柿果放妥后，再用谷草覆盖保温，使温度变化不致过大。上面再设雨篷，防止雨雪水渗入，引起霉烂。雨篷与草要有一定距离，以利通气。

黄河以北有平顶房的地方，往往以房顶代架。数量少的，可将荆条编筐架于树杈上，筐底铺一层草，放2～3层柿子，上面覆盖秸秆、薄膜以防雨水淋入。温度保持在5～10℃。

采用上述露天贮藏方法，绵柿类品种能贮至3月，色泽风味不变。

3. 自然冷冻贮藏 在寒冷的北方，将柿果放在冷处，任其冰冻，待冻硬后放在北墙外的架上，搭架如前，温度在0℃以下，勿使其解冻。这样可贮至春暖解冻。吃时先浸入冷水内，待解冻后食用。

4. 速冻贮藏 用于速冻贮藏的柿子，应在霜降以后采摘为宜，此时柿果成熟度高，果皮厚，耐贮性强。柿的果梗很硬，采摘后要进行修整，以免刺伤其他果实。别除病、虫、伤、软果，留好果贮藏。经挑选好的柿子先放在-20℃以下的冷库里贮藏1～2天，使果肉充分冻结，停止生命活动。然后在-10℃左右的条件下贮藏。这样可以较好保持柿果的色泽和风味，并可以在较长时期保证柿果品

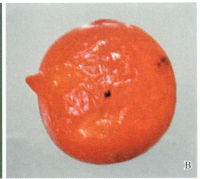

速冻贮藏

A.速冻的柿果　B.解冻后的柿果

质，甚至可以做到周年供应。化冻时要慢慢地解冻，温度不能升得太快，否则柿果会严重脱水，不能恢复原状，失去商品价值。这种贮存方法较适宜我国喜食软柿的消费者，尤其在寒冷的东北，因得天独厚的自然条件更加实用，而不适宜东南亚等国家喜食脆柿的消费人群。

5. 液体贮藏（矾柿法）　液体贮藏在宋朝已有应用，以后又有所发展，但应用不广。方法是将成熟较晚或皮较厚、水分少、耐贮藏的品种，在着色变黄时细心采收，轻放筐内。前1d将水烧开，每千克水加盐1kg，明矾250g（据广西植物研究所试验，认为增加盐和明矾的浓度能延长贮藏期），溶化后冷却备用。将配好的盐矾水倒入干净缸内，再将鲜柿放入，并用柿叶盖好，以竹条压住，使柿果完全浸没在溶液中，当水分减少时继续添加盐矾水，这样柿果能放到春节，甚至可放到4—5月。取食时严禁用手取，必须用干净的勺捞取，否则杂菌进入后柿果容易发酵变质。这种方法贮藏的柿果味甜、质脆，但贮藏量少，有时略带碱味。

这种贮藏方法对技术要求很严，一般不易掌握。质量好坏与盐、矾配比有关，必须根据品种、成熟度灵活运用，并且对卫生条件的要求也较高。

6. 气体贮藏　将鲜柿置于密闭的容器中，降低缸、箱、聚乙烯薄膜袋、库房等的氧气含量，抑制生命活动，就能延长贮存时间，代替氧气充实空间的气体有二氧化碳、氮等。贮藏过程氧的浓度控制在3%、二氧化碳20%～25%，极大部分为氮。这样，可将柿果贮存2～4个月，使果实保持脆硬、不变色，可用硬度计进行测定。

气体贮藏时要注意：其一，要经常抽查和调节气体浓度，勿使浓度忽高忽低。过分缺氧会使糖分分解，味变淡，可用测糖仪进行测量；还会产生大量的乙醛等物质，使果实具有一种令人不愉快的刺激性臭味。其二，必须保持一定的湿度，使果实不皱缩。但湿度过大不耐贮藏，可用生石灰、氯化钾等作吸湿剂。其三，贮藏期温度须控制在2～8℃。

7.冷库贮藏 无论是半地下室冷库，还是在地面建设的冷库或活动冷库，只要能保温、保湿、并能换气，都可用来贮藏柿子。

硬度计　　　　测糖仪

在果实贮存之前要对冷库的设备进行检查，有损坏的要及时修复或更换，对使用的冷库和容器要消毒杀菌；贮藏时不能与其他果品混合贮藏，以免产生乙烯气体对柿子不利，贮存过程中也要通风换气。贮藏用的柿子应该

冷库贮藏

在果实成熟而果肉仍然脆硬、表皮由淡黄色转为橙红色时采收。要在晴天采收，久雨初晴不可立即采收，否则果肉味淡且容易腐烂。采收时要轻拿轻放，尽量避免机械伤害，采后要剪短果柄，严格剔除病、虫、伤果，装入容器后放在阴凉通风处预冷。在大量贮存之前必须明确贮藏品种最适贮藏温度，最好先做小规模试验检测冷库调控设备是否灵敏，以免造成损失。

一般冷藏的温度为（0±1）℃，经过预冷的柿子入库时，库内温度应维持在5℃左右，入库后再逐渐降至最适贮藏温度，空气相对湿度控制在85%～90%。

有条件的冷库将空气成分中的氧含量调到2%～5%、二氧化碳含量调至3%～8%，没有乙烯气体。

若配合采前喷高钙、赤霉菌等防衰老的措施，贮前用保鲜剂以高锰酸钾作载体保鲜，库内挂浸过仲丁胺的布条等辅助措施，贮藏效果会更好。

8.CA贮藏　柿CA贮藏是气调加冷藏，在含氧5%、二氧化碳5%～10%的低温库中保存，对柿果呼吸及其生命活动的抑制效果比单纯冷库贮藏好得多。但CA贮藏库造价高，贮藏期间管理也较难，而且柿子的贮藏性在个体之间差异很大，当其中一个果实软化后，软柿体内产生乙烯，促使周围柿子迅速软化。这样库内乙烯更浓，软柿也越来越多，所以目前在库内常放置乙烯吸收剂，减少乙烯浓度。

9.聚乙烯袋冷藏法　柿果装在聚乙烯袋内密封，不但可防止水分蒸发，而且经贮藏一段时间后，袋内气体成分与CA贮藏效果相似。据试验，柿在0.06mm厚的聚乙烯袋贮藏后，袋内氧的含量为5%，二氧化碳为5%～10%。香川县11月27日采的富有柿，贮至翌年4月27日，无论色泽、硬度还是风味，均似鲜柿。为防止个体间差异的影响，用0.06mm厚、10cm宽、15cm长的聚乙烯袋，逐个分别密封，贮于0℃库内。这样即使某个果实早早软化，软化后所散发的乙烯仍保持在袋内，不能逸出成为其他果实的外来乙烯，所以不会使其他柿果软化。

柿果经贮藏从库内取出后，不要马上从袋内拿出来，原封不动地运销、出售较好，以免碰伤和变质。

10.聚乙烯袋＋保鲜剂冷藏法　选好耐贮性强的柿果后，用赤霉素处理，防止果实衰老，再逐果分别装入0.06mm厚的聚乙烯袋中，袋内放入适量乙烯吸收剂，封闭后置于冷库内贮存。这样贮存的效果更好。

第三节　柿的加工品

一、柿饼

（一）传统加工方法

柿饼是我国特产，传统方法有原料处理、干燥、出霜三步，现在市场喜欢红饼，则可省略出霜环节。

1.原料处理　选用形状整齐、果大、表面光滑、含水量适中、果味浓甜、果肉无褐斑、无核或少核的品种作原料。在充分成熟而未软化时采收，采后挑去病虫果和伤果，再按大小、成熟度分类，然后摘去萼片，剪掉果柄（挂晒用的柿子需留"丁"字形拐把）。削皮时用特制的刮皮刀或削皮机，薄削柿皮但要削干净，仅留柿蒂周围5mm宽的果皮。

削皮及其工具

A～B.削皮刀　C.削皮过程　D～F.削皮机

2.干燥　柿果干燥实质上是水分蒸发过程，同时伴随脱涩和软化。目前干燥的方法有两种：晾晒法和人工干燥法。

（1）晾晒法。传统以日光晒干为主，现在提倡风干。晒场应选在地势宽敞、空气流通、无尘土飞扬、阳光充足的地方。各地晾晒习惯不同，大体有平晒和挂晒两种。

晾晒

A.平晒　B.挂晒

平晒：架高1m，上铺竹箔、高粱秆箔，南方常用竹编的大孔筛。把去皮的果实果顶朝上排放在粕上晾晒，并要经常翻动。

挂晒：晒架上挂有松散的绳，将刮皮后带有拐把的柿子逐个夹在松散的绳上，按大小分别挂在架上晾晒，两串相距不要太近，以利通风。

晾晒过程要对果实进行揉捏，以促进软化脱涩，缩短晾晒时间，提高品质，但较费工。

（2）人工干燥法。人为地创造干燥、通风的环境，使鲜柿加速干燥。目前多采用烘烤方法，烤房形式不一、大小不等，只要能达到干热的目的都行。方法是将去皮后的柿果整齐地排列在烤筛上，进行烘烤。烘烤时的温度起初不能太高，以40～45℃为宜，否则酒精脱氢的活动受到抑制，可溶性单宁不沉淀，烤出来的柿饼仍有涩味。等脱涩以后，将温度升到50～60℃，加速水分蒸发。后期由于果内水分减少，水分扩散缓慢，再将温度降到45℃以下，以免出现"硬壳"或"渗糖"现象。

烘烤

　　烘烤过程要注意通风，控制空气相对湿度在40%以下。前期湿度大，排气窗要大开；以后随着湿度减少而逐渐关闭。烘烤中要及时揉捏，方法与晾晒法相同。由于烤房内温度不均，要倒换烤筛的位置或装风机搅匀温度。为了提高烤房的利用率，可分批倒换、轮流烘烤。失水率达到60%～65%时停止。烘烤时间依果实品种、大小、含水量多少、烤房性能及所装果实的多少而定，一般烤成需2～5d。人工干燥的特点是加工场地小，时间短，不受天气影响，产品干净卫生。

　　我国柿饼形状有横向捏扁成圆饼形和纵向捏扁成桃形两种。外形整齐美观是提高商品价值的重要因素，采用哪种柿饼形状应随品种而异，长形果以纵向捏扁为宜，扁形果则横向捏扁较好。传统的柿饼外面有一层白色的粉状物——柿霜，它是柿饼中的糖随水渗出果面所凝结的白色固体，主要成分是甘露醇、葡萄糖和果糖。但是，现在很多消费者愿意购买不出霜的柿饼，即红饼。红饼晒成后，入冷库冻存。

　　3.出霜　将晒成的柿饼装入容器（缸、纸箱）内或堆在板上，厚40～50cm，宽度任意，用麻袋、塑料布等盖住。经4～5d，柿饼

柿饼形状

A～B.圆饼形　C～D.桃形

回软后，糖分随水向外渗出，在通风处堆凉，果面吹干后便有柿霜出来。能否出霜与柿饼的干湿度有关，太干或太湿都不好，一般以柿果失水60%～70%为宜。

（二）柿饼加工工艺

柿饼是我国传统且畅销的柿子加工品，历史悠久，工艺也比较成熟，但随着人们生活质量的提高，对食品卫生和食品安全也日益关注，传统柿饼加工过程中存在的问题就显得越来越突出。传统加工过程中存在着多个环节的不足，诸如：对原料柿子果实生产环境和果实品质监测不到位，造成柿饼成品的农药残留超标；加工环境简陋，加工周期长，人员卫生意识不够，产地没有产品贮藏基础设施，物流过程中没有建立完善的冷链系统等，致使卫生条件不能得到保证、柿饼产品的细菌总数和霉菌数量较高，达不到食品安全的要求；有时，生产者过分追求商业利润，不严格遵守相关法律，如《中华人民共和国农产品质量安全法》和《中华人民共和国食品安全法》，超标使用某些色素，或者熏硫环节不够科学，使用剂量过高或者熏硫时间过长，造成二氧化硫（SO_2）残留超标等。因此，树立质量第一的观念，遵循科学的管理方法，在选择适宜制饼品种的基础上，在柿饼生产的传统地区推广机械化去皮及自动化烘烤技术，严格控制卫生状况，合理进行熏硫处理，改进柿饼生产工艺，提高柿饼质量，是当前柿饼加工中的核心问题。

1.食品卫生控制　即使是对食品安全要求高的发达国家（如日本），也一直在沿用柿饼传统的加工工序，说明在先进工艺还没有完全成熟地用于规模化生产的情况下，遵照相关的食品生产法律法规，优化传统工艺，严格控制加工各个环节，是可以生产出符合食品安全要求的柿饼的。关键是要严格遵守相关法律规定，建立科学的管理制度和卫生保证体系，采用合乎卫生规范的方法进行生产加工。

已有学者在柿饼加工过程中采用"危害分析与关键控制点"体系，即HACCP体系，通过食品的危害分析（Hazard Analysis，HA）和关键控制点（Critical Control Point，CCP），建立以预防为基础的有效的食品安全保证系统，使食品危害能够被预防、消除或降低到可接受的水平。如在安溪油柿柿饼加工过程中进行了探索，通过识别柿饼生产中存在的物理性、化学性和微生物性危害，认为原料验收、干制揉捏、包装袋验收和金属探测是柿饼生产中的关键控制点（钟华锋等，2007），将HACCP体系引入柿饼生产是提高柿饼质量和卫生安全的一个重要手段，也是增强企业在国际贸易中的竞争力的有力措施（高志强，2008）。

2.食品添加剂控制　使用食品添加剂是食品加工过程中不可或缺的一环。例如，没有抗氧化剂延缓油脂或食品的褐变、褪色及被氧化分解，就没有方便面等一些速食食品；没有防腐剂抑制食品中微生物的繁殖，就使得一些在加工过程中无法彻底杀菌的食品的保存期缩短；没有膨松剂使面胚发起，就没有酥脆可口的糕点、饼干等。

食品添加剂主要有着色剂、增白剂、防腐剂和保鲜剂等。滥用食品添加剂会导致许多食品安全问题产生。在柿饼加工过程中，护色和防腐是必要的工艺程序，采用护色剂主要是防止褐变、保持柿饼成品的固有颜色，而熏硫具有多方面的作用。在柿饼产品上，主要存在的问题是使用人工合成色素，或者是过分强调防腐和色泽而过量熏硫，使得色素和 SO_2 超标，成为"健康杀手"。

现在提倡使用天然色素。天然色素是无害的，但经过加工往往失去诱人的光泽；而人工合成色素艳丽夺目且不褪色，但人工合成色素多具有毒性或其他副作用，常见的有苋菜红、胭脂红、赤藓红、诱惑红、日落黄、柠檬黄、亮蓝、靛蓝等。不少人工合成色素尤其是一些油溶性人工合成色素，因人体摄入后不易排出而产生毒性，是明令禁止使用的。例如在柿饼制作上，有不法生产者将不能用于食品生产加工的人工合成色素用于食品染色，会造成严重的食品安全问题。

柿饼加工过程中的熏硫环节对柿饼具有多种作用，包括防虫（如选择性杀死附着的螨虫和虫卵，起保护性杀菌剂的作用）、防霉和防腐（可形成亚硫酸起到防腐剂的作用，杀死或者抑制附着的霉菌）、"美容"（亚硫酸氧化时具有漂白作用，强还原剂对氧化酶有很强的抑制作用，可避免酶促褐变，而且还能阻断糖氨反应造成的非酶促褐变，使得熏蒸过的食品表面漂白、看起来较新鲜）和延长保存期（熏蒸过后即使含水量略高也不发生霉变）。但过量 SO_2 会对人体造成危害，有致癌性、致畸性和致突变性，而且对人体的危害要经过较长时间才能显露出来。

针对上述问题，一方面，生产者应树立守法意识，认真学习和遵守《中华人民共和国农产品质量安全法》和《中华人民共和国食品安全法》，制定严格的生产管理制度；生产中不违法使用禁用着色剂，合理控制熏蒸室的SO_2浓度和熏蒸时间，将SO_2残留控制在允许范围之内（≤100mg/kg），或者使用友好型的其他替代方式。另一方面，政府职能部门应认真履行职能、严格监管。食品安全既是"产"出来的，也是"管"出来的。

3.改进加工工艺　自然干制法是传统的民间加工工艺，已非常成熟，但占地多、用人多、生产周期长，且在自然晾晒过程中存在被微生物污染的可能，较难保证产品卫生。因此，从20世纪80年代起，开始进行人工干制法的研制，主要是将柿果自然晾晒工艺程序改为人工烘制，通过控制烘制温度与时间来达到干制的目的，缩短柿饼的生产周期，同时也更容易控制产品卫生条件，提高产品质量。但加工过程中受烘干机械的干制效果、果实大小所需的适宜温湿度条件等制约，目前还没有得到推广。针对柿饼加工新工艺、新方法的研究还应该根据消费者对产品的接受程度而进行，最终实现柿饼加工工业化。

（1）护色与杀菌。据报道，在富平县洋阳柿饼专业合作社完成的"柿饼无硫加工新技术研究与应用示范"项目中，采用0.1%的柠檬酸和0.1%的维生素C复合液进行喷洒护色，用2%的二氧化氯进行密闭熏蒸替代熏硫防霉，较好地提高了产品的安全性。也可采用0.4%氯化钠＋0.5%维生素C＋0.3%柠檬酸水溶液，对去皮后的安溪油柿浸泡护色60min，而后干制（高志强，2008）。

（2）采用人工烘房方式加快干制过程。采用LH-1型烘房（3m×2m×3m）。干制过程分为三个阶段第1阶段35～40℃烘24h；

第2阶段55～60℃烘12h，柿果实含水量降到45%左右；第3阶段为干燥完成阶段，烘制时间6h左右，温度自然下降至40～45℃，然后维持该温度至烘制结束。柿饼的干燥程度以柿果水分含量达38%～42%为宜（张海生 等，2004）。也有采用电热鼓风干燥机干制的（刘素芳，2005）。

（3）干制前增加人工脱涩处理。如用20%～40%酒精溶液对柿果脱涩24～48h，而后在55℃条件下人工干制40～50h（刘冬 等，2001），但成品柿饼的成分与传统加工柿饼的成分是否有差异，未见报道。

（4）柿饼加工机械化。日本在柿饼加工机械化方面领先，在选果、去皮、晾晒、烘烤等环节基本实现了机械化。柿饼加工工艺中部分工序实现机械化的难度较大，因此限制了柿饼工业化生产的发展。已经采用的加工机械主要有削皮机，以及人工干制用的烘干机，其他环节还主要是人工操作。针对柿饼加工过程中的揉捏环节，也有关于使用转筒式柿饼揉捏机的设计与分析的报道，但由于存在果实太大或太小、揉捏操作中的破损等问题，难以实现完全自动化操作。

因为多数发达国家认为柿饼加工方面并不是发展的关键点，他们也没有成型的现代化加工工艺，所以，能否借鉴其他果品加工方面的先进技术，如干制技术和设备，物理性控虫技术（如热水或热气处理），或者辐照杀虫灭菌技术等，应该进行尝试再使用。

（5）采用综合措施提高卫生水平，进而提高柿饼的整体质量。富平柿饼是我国柿饼的名牌产品，为进一步提高产品质量，采取了一系列综合措施：政府引导、扶持，推行标准化加工。主要措施是：制定《富平柿饼加工技术规程》，推动柿饼标准化生产；扶持柿农建立柿饼标准化加工小区，并在加工小区建设晾晒棚；推广柿果削皮机等提高柿饼加工效率。标准化加工小区加工出的柿饼干净卫生、品质优良，30%的柿饼远销日韩市场。

二、其他加工品

1.柿酒　柿果中含有很多还原糖，主要有葡萄糖、果糖和甘露醇等，可经酒精发酵作用分解成酒精和二氧化碳。柿酒有发酵酒（黄酒）、白酒和配制酒三类。制酒需要一定的设备。

2.柿醋　将柿果中的糖经酒精发酵成酒，再经醋酸菌的作用变成醋。

柿酒　　　　　　　　　　　　　　　　柿醋

柿果原料洗净破碎后，装大缸里，拌入醋曲，加盖。室温保持在30℃上下，每天搅拌2～3次。若发酵后温度过高，要倒缸。经6～7d，柿果用手抚摸有光滑感，握至无响声时取出，放在木槽里。每100kg加谷糠30kg，用手拌匀后，再装入缸内，仍用苫盖。3d后再行搅拌，每天3次，连续进行4d，便可淋醋，每100kg加水120kg，浸2h后开始过滤，滤出液为原醋，再加同量的水，浸2～3h重复过滤一遍，滤出液为二遍醋。

规模较小时，可将破碎后的柿果装入缸内，封盖，冬季放在屋内，以免缸被冻裂。翌春移到屋外日晒，提高温度使其发酵。一个月左右以后掺入麦秆，混拌均匀，倒入凉水，浸渍一昼夜。过滤2～3次，即成。出醋率达200%～300%。

3.**柿蜜**　洗干净的鲜柿软后去蒂，搅成糊状，煮至起渣，过滤、澄清、浓缩，即成柿蜜。

4.**鲜柿酱**　洗干净的鲜柿软后去蒂，搅成糊状，滤去皮渣，加防腐剂，装罐（袋）密封，冷藏待售。

柿蜜

5.**柿脯**　鲜柿脱涩后，削皮、去蒂、纵切2～4块，用无菌水加0.2%柠檬酸漂洗，在真空中渗糖，糖液浓度逐渐加大至60%以上。之后进行烘干、涂胶，干后包装，加脱氧剂密封。

6.**柿叶茶**　在未喷农药的柿树上，在柿叶生长停止而未老化时采取柿叶。将柿叶投入85℃的热水中浸15s，随即移入冷水缸内降温，冷却后取出，风干或用真空干燥法烘干。待充分干燥

柿酱

后粉碎，装入容器内密封，即成为柿叶茶。为了调整口味，也可加入金银花等材料。柿叶茶的饮用方法与普通茶一样，用滚开水冲泡。泡出来的茶色黄绿，味道清香中有微甘。

柿脯

柿叶茶

7.**柿片**

（1）脆片。将脱涩后的脆柿削皮、去蒂、切成2mm厚的薄片，在60～80℃的温度下烘干。成品甘甜酥脆，清洁卫生，耐运输，可

长久贮存，但要防虫蛀和返潮。

（2）软片。将脱涩后的脆柿削皮、去蒂、切成2mm厚的薄片，渗糖调味，烘烤，包装。

（3）酥片。将脱涩后的脆柿削皮、去蒂、切成2mm厚的薄片，用冷冻干燥法制成，密封包装。甘甜酥脆，不失营养。

柿片

A.柿脆片　B.柿软片　C.柿酥片

8.柿的再加工产品　用柿及其加工品可进一步加工成各种小吃，如柿糕片、桂花白糖柿子饼、油炸柿面饼、柿羹、八宝饭等。

再加工产品

A.柿糕片　B.桂花白糖柿子饼　C.油炸柿面饼

9.柿子饮品　近年来，柿子饮品凭借独特风味迅速崛起，成为茶饮市场的新宠。以新鲜柿子或果泥为主料，搭配茶底、奶盖等辅料，打造出果香与茶韵交融的特色饮品。喜茶的"喜柿多多"、奈雪的茶的"霸气好柿"等产品深受消费者欢迎，更有创新推出的"柿子拿铁"等咖啡饮品。在营销方面，品牌巧妙运用"秋日限定"的稀缺性和"柿柿如意"的吉祥寓意，成功引发社交媒体打卡热潮。同时，通过高校合作攻克脱涩技术，建立标准化生产流程，并借助线上平台种草和线下主题场景营造，形成了完整的产品生态链，推动这一地方特色走向全国市场。

10.柿子蛋糕　柿子蛋糕将传统水果与现代烘焙工艺完美结合，创造出层次丰富的甜品体验商家通过精致的柿子造型、秋日主题包装等视觉设计吸引消费者，配合"柿子季"限定概念和"好柿发生"等情感营销，线上线下联动的营销策略，更让柿子蛋糕成为秋冬甜品市场的焦点。

11.冰柿　冰柿凭借"零添加"的健康理念和"树上冰淇淋"的独特口感赢得市场青睐。保定冰柿和广西平乐冰柿通过物理脱涩技术和细胞级保鲜工艺，完美保留了柿子的原汁原味。从曾经的滞销产品到如今年的网红爆款，其成功源于技术创新、品牌打造和全渠道营销的完美结合。"线上＋线下"的推广模式，配合政府建设的共享工厂和电商基地，不仅提升了产品价值，更带动了农户增收，形成了可持续发展的产业模式。

第十一章 柿产业高效发展模式

第一节　中国柿产业市场分析

一、市场规模

　　随着人们对健康饮食的关注增加，柿作为一种营养丰富的水果，其市场需求持续增长。据统计，全国柿子市场规模逐年扩大，产量和销售均持续稳定增长。据FAO（2024）统计，2022年全世界柿果年产量443.67万t（中国347.04万t，占世界的78.22%）。中、韩、日和巴西是柿的传统产区。2021年以来，阿塞拜疆的产业规模增长较快，年产量已经超过巴西、位居世界主产国第4位。其他有商品生产的国家还有乌兹别克斯坦、以色列、伊朗、新西兰等。值得注意的是，中国柿的主产区由传统的黄河流域开始向长江流域及其以南发展。以长江为界，年产量排名前10的省份南北各约占50%。自2016年起，在农业农村部统计的果品中，柿的年产量排名第8位。预计未来几年柿子市场规模仍然保持增长态势，主要得

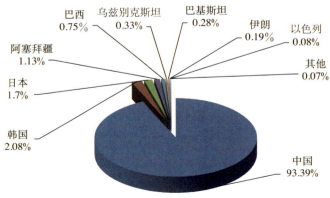

2022年世界各国柿栽培面积所占比例（FAO，2024年）

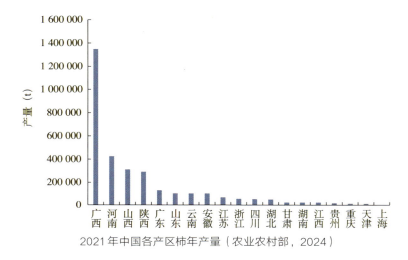

2021年中国各产区柿年产量（农业农村部，2024）

益于消费者对健康食品的追求，以及柿子品种的改良和种植技术的提高。

二、柿产业特点

柿子被公认为是与营养和保健价值相关的生物活性物质的优质来源，正逐渐成为世界性栽培果树，柿子具有多个美誉，在日本被称为"国果"，在韩国被称为"水果之王"，在欧洲被称为"东方苹果"，其拉丁语属名更具赞誉性，"*Diospyros* = Food of the Gods"即"柿=上帝的食物"，称其为"神果"或"神的食物"。

1.市场结构特点

（1）品种结构。柿子品种繁多，包括甜柿、涩柿等多个品种。不同品种的柿子在口感、营养价值和市场价格等方面存在差异，满足了不同消费者的需求。

（2）区域性结构。柿子种植具有较强的区域性特征，不同地区的柿子品种、品质和上市时间存在差异。这种区域性结构使得柿子市场具有多样性和互补性。

2.市场竞争格局

（1）**生产企业竞争**。柿子生产企业众多，包括大型果业公司、专业合作社和家庭农场。这些企业在品种研发、生产规模、品牌建设和市场营销等方面展开激烈竞争。

（2）**国内外市场竞争**。国际上的农业大国（如美国、加拿大、法国等）基本不产柿子，不会冲击国内市场，也不会对我国柿子出口形成竞争压力。国内柿子市场面临着来自日韩进口的压力，进口柿子在品质、口感和包装等方面具有一定优势，对国内柿子市场造成了一定冲击。然而，随着国内柿子品种改良和品质提升，国内柿子在市场上的竞争力逐渐增强。

3.市场需求变化

市场需求受消费者口味、季节和新兴市场的影响。随着消费者对健康食品的追求，越来越多的人开始喜欢柿子的天然甜味和丰富营养，带动了柿子市场需求的增长。而柿子作为秋季水果，其市场需求在秋季达到高峰，在其他季节则相对较低。随着国际贸易的发展，主要是具有消费柿子的习惯但不产柿子的东南亚国家（如泰国、马来西亚、新加坡等国），需要从其他国家进口；另外，一些新兴市场（如俄罗斯、南美等）对柿子的需求也在逐渐增加。

4.市场供应变化

市场供应变化受种植面积、品种改良与创新、天气与自然灾害的影响。近年来，随着柿子需求的增长，柿子的种植面积也在不断扩大。农业科技的进步使得柿子的品种不断改良和更新，优质、高产的新品种不断涌现，提高了柿子的整体供应质量。柿子的产量和质量受天气和自然灾害的影响较大，如干旱、洪涝和冰雹等天气会导致柿子减产或品质下降。

5.市场价格变化

柿子的市场价格变化受供需关系、品质差异、定价和区域性价格差异影响。主要受供需关系影响较大，供应量不足时，价格会上涨，反之下跌。而不同品质的柿子在市场上的价格存在较大的差异，优质柿子的价格往往较高。另外，由于受不同地区柿子产量、品质和运输成本等因素的影响，柿子在不同地区的价格存在一定差异。

三、柿市场变化原因

1. 政策因素

（1）**农业政策**。政府对农业的扶持力度、农业补贴政策以及农产品进出口政策的调整，直接影响柿子的种植面积、产量和价格。

（2）**环保政策**。政府对环保要求的提高，使得柿子种植过程中的化肥、农药使用受到限制，进而影响柿子的产量和品质。

（3）**食品安全法规**。政府对食品安全监管加强，对柿子生产、加工、销售环节提出了更高要求，提高了市场准入门槛。

2. 经济因素

（1）**消费者购买能力**。随着经济增长和消费水平的提高，消费者对高品质柿子的需求增加，推动柿子市场向优质化、高端化发展。

（2）**市场竞争**。竞争日益加剧，国内外众多品牌争夺市场份额，促使企业不断创新，提高产品品质。

（3）**国际贸易环境**。如关税调整、汇率波动等，影响柿子的进出口价格和数量，进而波及国内市场。

3. 技术因素

（1）**种植技术改进**。新品种选育、栽培技术改进等措施提高了柿子的产量和品质，降低了生产成本。

（2）**加工技术创新**。柿子深加工技术的不断创新，如柿饼、柿酒、柿醋和柿叶茶等产品的开发，丰富了柿子产品线，满足了消费者的多样化需求。

（3）**物流技术提升**。冷链物流技术的发展和应用，保证了柿子在运输中的新鲜度和品质，扩大了销售范围。

（4）**信息技术应用**。大数据、物联网等信息技术在农业领域的应用，为柿产业提供了精准的市场分析和决策支持，提升了市场响应速度。

此外，柿子市场还受到社会因素（如消费者观念转变、人口结构变化和文化传承与创新）的影响。柿子作为具有丰富文化内涵的特色农产品，其文化传承与创新对市场需求具有重要影响。

第二节　中国柿产业发展情况

一、柿产业现存问题

1.农业生产提质增效、生态化发展动力不足　近些年来，我国农业获得极大发展，粮食实现丰产、果蔬农产品种类丰富、各类农产品市场供应充足，但我国农业的发展在提质增效、生态化发展方面仍缺乏足够的动力。农业发展大多以较为粗放的方式进行，农业组织形式以农户家庭和农场为主，主要采取以高投入和高资源消耗为代价的农业生产策略；同时，在农业生产中，对耕地效益的盲目追求，对农业污染认知的不足以及化肥、农药的不规范使用，使得农业环境污染在我国农业生产中较为普遍，进而在一定程度上造成了我国耕地质量降低、生态环境破坏的问题。农业生产过程中环境污染和资源破坏问题普遍存在，农业面源污染地区间存在较大差异。农业污染与工业污染不同，农业污染受到自然因素和社会因素的影响，治理难度大，且容易反弹。降低农业面源污染重点从生产效率、环境友好型农业技术、产业结构、环境治理投资等方面入手，但我国受农业发展方式、社会经济因素、农业从业者自身因素等制约，实现农业生产的高质量发展难度较大且动力不足。

2.农业产业园三产融合挑战与不足并存 关于乡村产业融合发展模式，专家经探讨提出了多种融合模式，均主张以农业为基础充分挖掘农业多种价值，延伸产业链，推动三产融合发展。在实践中，休闲农业和乡村旅游成为农村产业融合二三产业、联系城乡的主要业态。随着各地农业供给侧结构性改革和乡村振兴的推进，各地具地方特色的休闲农业和乡村旅游取得显著成效，成为一定区域内最具吸引力的三产融合方式。在以农业和旅游业结合为基调的农村产业中，以多功能农业产业园、现代农业产业园为三产融合发展的主要模式之一。据统计，2017—2020年我国现代农业产业园创建数量从41个增加到186个，以国家现代农业产业园带动的各类农业产业园在农业发展中占据重要地位，但农业产业园依然存在生产要素投入大、生产要素集聚能力不强、科技水平不高、产业融合度不高、产业链条短等问题。相较而言，农业收益低、生产周期长且风险大，农业园区建设需要大量人力、物力、财力，因此，部分农业产业园三产融合路径杂乱，三产融合或只是在空间上的简单拼凑。

农业产业园虽然为三产融合发展的主要模式之一，但我国农业产业化基础薄弱，不同地区地理条件、资源禀赋、基础设施差异大，农村空心化、农业边缘化、农民老龄化等现象日益突出。第3次全国农业普查数据结果说明我国从事农业生产的人口以中老年人口、中小学学历为主，农村优秀人才和青壮年劳动力的流失，使得农业现代化和三产融合发展需寻求更多、更适宜农村现状的发展模式。

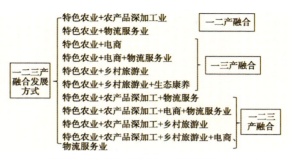

一二三产业融合发展模式（侯秋梅等，2024）

3.科技支撑不足　现代科学技术是现代农业的活力源泉，近些年我国农业生产的科技含量在逐步提升，国家虽然加大了对农业科技的持续投入，农业科学研究也取得了一系列的成果，但在农业科技的发展和科技服务农业方面还存在不足，主要体现在以下几个方面：一是农业科技创新能力及技术研发能力不强，特别是在种业、种质资源、良种繁育方面的研究能力还需要进一步加强；二是缺乏农业科技人员，基层农技人员素质不高，基层农业科技力量薄弱，影响农业技术的全面推广；三是农业科技成果转换率低，产学研联系不够紧密，很多农业科技成果没有得到推广利用，部分农业科技研究不符合市场需求；四是农业科技服务平台及体系不健全，我国农业科技服务平台主要是各地方的农业技术推广部门，而农业科技研发大多在涉农院校及农业科研院所，地方农业技术推广部门与相关农业科技研发院所之间的联系沟通存在不同程度的脱节现象，未形成产学研推体系化的农业科技服务平台及农业科技服务体系。

4.农业品牌效应有待强化　品牌效应是获得竞争优势的重要途径。农产品的品牌建设是乡村振兴战略背景下农业发展及农业产业价值链提升的重要路径。目前，我国农业品牌建设总体发展水平不高，主要表现为：一是农业生产组织松散，产业化、规模化、集群化程度低，大部分农业经营活动及农业经营者缺乏品牌化发展观念，缺少必要的投入，没有形成宣传合力；二是农产业缺乏特色和特有价值，部分农产业未形成自己的特色，没有赋予不同地域农产品自身的特有价值，致使品牌定位不明确，同质化现象严重。

二、柿产业链情况

随着经济的发展和市场需求的变化，柿产业迎来了新的发展机遇。通过实现一二三产业的融合，柿产业正逐步展现出强大的活力和潜力。农业作为柿产业的基础，为整个产业提供了优质的原料。在种植过程中，采用现代化的种植技术和管理模式，提高柿的产量和品质，为后续的加工和销售奠定了坚实的基础。工业环节是柿产业的重要支撑。通过对柿进行精深加工，开发出各种柿制品，如柿饼、柿酱、柿干等，丰富了产品种类，提高了产品附加值。同时，加强品牌建设和包装设计，提升了柿产品的市场竞争力。服务业的融入为柿产业增添了新的活力。通过发展观光农业、休闲采摘等项目，吸引了众多游客前来体验，促进了乡村旅游的发展。此外，借助电子商务平台和物流配送体系，拓宽了柿产品的销售渠道，使其能够更快地进入市场。

柿产业的三产融合具有诸多优势。首先，有利于提高产业的综合效益，实现经济增长；其次，促进了农民增收，为农村经济发展注入了新动力；最后，推动了农业产业结构的调整和优化，实现了资源的合理配置。为了进一步推进柿产业的三产融合，需要政府、企业和农民三方共同努力。政府应加大政策支持力度，提供资金和技术支持；企业要加强创新，提高产品质量和市场竞争力；农民要积极参与，提升种植技术和管理水平。总之，柿产业的三产融合是推动产业发展的重要途径，对于推进乡村全面振兴和实现农业农村现代化具有重要意义。

第三节　柿三产深度融合发展模式

一、产业融合模式

柿产业三产融合是指将柿的种植、加工和销售等环节进行有机结合，实现产业链的延伸和附加值的提升。柿果为产业链的纽带，贯穿一二三产业。

在产业链上游，企业与科研院所、大学等联合进行新苗的培训、加工产品的研发、产品的设计等，同时不断地更新柿子的种植技术和相关的生产设备，不断提高柿子的品质，形成从源头提升柿子质量的关系网络。此外亦有以此为契机开展乡村生态旅游，带动农家乐、产地采摘等康养旅游周边商业生态的形成。

在产业链中游，柿子的加工环节扮演着重要的角色，将柿子的生产、加工、运输、销售，以及生态旅游融合起来。一只普通的柿子可以被加工为柿醋、柿叶茶、柿功能饮料、柿子冰激凌、柿子染料的服装等几十种产品。柿子加工过程中，每年可供应大量有机肥料，使生产作物的土壤保持优质；柿叶因为含有具备降血脂、降血压、降血糖等功能的单宁酸，以及丰富的维生素C和17种氨基酸，因此可被制作为茶、功能饮料、药品、洗浴用品及护肤品等。此外，利用从柿子里提炼的各种染料做成的衣服，价格可达1 000～2 000元。

利用柿树等天然植物资源，研发各种有机食品，并通过互联网，将产品卖到全国，甚至远销海外。与此同时，上中游的产品品质提升，相关产业生态的优化，也促进了下游销售市场的繁荣，各式各样的产品体验店，又倒逼上中游的产品品质提升，形成良性循环。

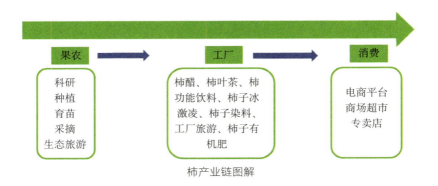

柿产业链图解

二、产业融合模式要点

种植环节注重品种选择和种植技术；加工环节注重产品研发和质量控制；销售环节注重品牌建设和市场推广。另外，利益分配机制的合理与否取决于各环节的利益分配比例，要能保障各方的利益。

1.建立统一管理机制 产业融合需要建立统一管理机制，建立健全种植标准体系，推动柿子种植从粗放向精细转变。要探索两种栽培模式。一是探索区域特色柿产业规范化栽培模式：出台实施柿生产技术标准规程，制定规范化田间管理制度等系列基地管理规定制度，推行无公害标准化生产和规范化栽培，通过统一管理，保障柿果质量和品质安全，还能提高单产，降低成本，节约生产投资，增加收入，提高优质果率。二是探索区域特色柿产业规模化种植模式：积极打造柿子标准化生产示范点，以点带面形成优势品种种植带，辐射带动全县农户种植柿子。

2.探索统一加工体系 产业融合需要建立健全加工技术体系，推动柿子加工由散乱向集中转变。一要从技术上入手：出台实施标准化柿加工处理技术规程及涩柿脱涩处理技术规程，有效规范区域特色柿的加工，进一步提高柿的质量品质，为做大做强区域柿产业起到积极的促进作用。二要在产品开发创新上发力：引进科研院所柿子研发平台，促进企业与科研院所合作，在原有的脆柿、柿饼等传统产品基础上，进一步开发柿酒、柿醋、柿叶茶、柿单宁含片、面膜、精华液等精深加工产品，大大提高产品附加值和市场竞争力，将产品销往国内大中城市，出口东南亚、俄罗斯、韩国等，提高柿子二产产值。三要在培育产业集群上下功夫：依托国家现代农业产业园建设，以工业集成化理念谋划柿产业发展，扶持培育柿品牌企业，实现柿子加工产业集成发展。

3.做好统一品牌培育，让好产品也有"好身价"　通过多举措从宣传上提升区域特色柿果价值：一是利用融媒体中心大力打造区域特色柿公用品牌，挖掘柿子在中国传统文化中蕴含的"柿柿如意""心想柿成"的美好寓意，提出地方柿子的品牌定位，规范公用品牌的使用方式及要求，进一步提升品牌知名度和影响力。二是大力发展地方特色柿品牌项目，创建中国特色农产品优势区，打造柿子特色小镇、柿产业园、柿特优区、柿子博物馆、柿子博览园等品牌项目，进一步拓展景区空间，推进地方柿产业与生态、文化、旅游等产业融合发展，形成以地方特色柿为主题的乡村旅游品牌精品线路，增加地方财政收入。

4.推行统一销售模式，电商助力乡村振兴"加速跑"　建立健全利益联结机制，推动柿子销售由不对等向双赢转变。一是要创新"企业＋合作社＋基地＋农户"模式，引导企业与农户深度合作，带动农民生产出更多品质高、商品化率高、质量安全可保障的农产品，实现企业与柿农利益双提升。二是要推行"订单农业"模式，加强与果蔬种植专业合作社等龙头企业、合作社、知名销售企业、果蔬批发市场、大型超市合作，建设电商、微商，实现线上线下同时销售，让柿农售果无忧，坚定种植信心。三是要探索"种植＋加工＋生态观光"模式，在文化产业的加持下，充分利用特色景区和周边的有利地理优势，举办与柿文化产品相关的节庆活动，依托柿子特色种植，开发柿园休闲观光、柿子采摘旅游，让果园变公园，农户变商户，产品变礼品，切实将小柿果发展成致富大产业。

本章小结

柿产业市场前景广阔，需求持续增长。为实现高效发展，须推动三产深度融合，构建乡村产业体系。通过种植、加工与销售协同，提升产业附加值；融合旅游观光，丰富产业形态；加强科技创新，提高生产效率和质量；打造品牌，拓展市场渠道；以柿文化为纽带，举办活动，提升知名度；形成产业集群，发挥规模效应；通过三产融合，实现资源优化配置，促进柿产业的高效发展。不同模式的特点和适用范围各异，企业和地区应根据自身情况选择合适的模式，以实现柿产业的可持续发展。未来，有望进一步延伸产业链，加强科技创新，推动柿产业向更高水平发展，实现经济、社会和生态效益的共赢。

第十二章 柿产业典型案例

第一节　富平柿产业助力乡村振兴

　　富平位于关中平原与渭北高原过渡地带，海拔600～1 200m，地势平缓、土壤肥沃、光照充足、昼夜温差大，是柿子优生区，也是尖柿品种的适生区。柿栽植历史始于汉代，至明代时，富平柿饼制作工艺已十分成熟，被用作宫廷贡品。

　　近年来，富平县深入学习习近平总书记关于乡村产业的重要指示，结合县域产业发展实际，按照"3＋X"特色产业布局，坚持把柿产业作为脱贫攻坚、乡村振兴的战略产业来抓，紧紧围绕柿子产业高质量发展，加快构建新型产业体系、生产体系、经营体系，推进一二三产深度融合，群众参与度显著提高，产业规模不断壮大，柿产业已成为当地的战略性主导产业之一。富平柿产业有以下特点：一是产业规模庞大，产业实力雄厚。目前，全县柿子栽植面积36万亩，挂果22万亩，2022年全县鲜柿产量达到28万t，加工柿饼7万t，全产业总产值突破65亿元，富平已成为全国规模最大、品质最优、科技实力最强、品牌最响亮的尖柿生产基地县。二是群众基础扎实，联农带农有力。全县目前现有国家强制性产品认证柿饼企业80家，品牌授权企业54家，柿产业专家试验园5个，群众参与度高，全产业链带动3万农户，覆盖13万人，3 200名贫困群众通过柿子产业脱贫致富。三是产品业态丰富，市场知名度大幅提升。除柿饼外，冰柿、柿叶茶、柿酒、柿子酵素等新产品不断涌现。2023年中国-中亚峰会上，"富平红"柿子酒作为国酒招待外宾，富平柿饼作为国家赠礼，受到了五国总统及夫人的一致好评。此外，富平县还与江苏省中国科学院植物研究所签约合作，挂牌成立中国富平柿染研究中心，柿染料、柿漆为产业发展注入了新动力。

1.发挥政府引导作用，为产业发展指明方向

（1）组建领导机构。成立由县委、县政府"一把手"任组长的富平县柿子全产业链高质量发展领导小组，统筹推进柿产业的组织协调、规划编制、任务分解、政策兑现、措施落实、考核奖惩等工作，为产业发展提供强有力的组织保障。

（2）建立包抓机制。制定柿产业包抓考核办法，建立由县政协包抓柿产业的工作机制，对年度重点工作任务进行分解，明确责任单位和完成时限，各界政协委员为柿产业发展建言献策。县委常委会定期听取县政协关于包抓柿产业情况汇报，有力推动各项任务落实落细。

（3）出台产业政策。出台《关于全面推进尖柿产业高质量发展的意见》，从柿园管理、炭疽病防控等方面给予支持。

2.发挥科技支撑作用，为产业发展保驾护航

（1）深化校地合作。与西北农林科技大学签订校地联盟战略合作协议，邀请田霄鸿、杨勇、梁连友等西北农林科技大学资深专家教授为柿产业把脉问诊、建言献策。揭牌成立柿产业研究院，每年签约揭榜挂帅项目4个，在炭疽病防控、柿园全营养施肥等产业关键

杨勇教授在富平县汇报研究进展

杨勇教授在田间讲解富平尖柿休眠期修剪技术

技术节点上取得突破性研究。

（2）加强技术培训。以富平县现代农业综合实验站和柿产业研究院为依托，以县级乡土专家为补充，组建乡村振兴柿产业专家团，16名技术人员对包联镇（街道）柿农、柿企进行集中培训，普及科技知识，解决技术难题，每年集中培训40场次以上，现场指导500余次，有效提高了柿农的技术水平。

（3）强化示范带动。围绕柿子特色产业发展，开展品种引进与良种选育、丰产栽培及深加工技术研究与示范推广工作。选育适于加工的尖柿优良品系，示范推广机械化柿树栽培新模式，力推抗旱节水的水肥一体化技术和柿园生草培肥地力技术，使柿子品质显著改善，每年新建10个标准化柿子示范园，示范带动群众自发建园2万亩以上。

3.发挥品牌引领作用，为产业发展注入新动力

（1）坚持高点定位。聘请浙江农本咨询编制《富平柿饼区域公用品牌发展战略规划》，成功举办2022中国富平柿饼节暨首届富平柿饼全球经销商大会，发布了"富平柿饼 甜蜜中国"的区域公用品牌，"正宗富平柿饼 认准富字标"迅速获得市场认可。

2022中国富平柿饼节暨首届富平柿饼全球经销商大会

（2）坚持全民传播。开展"富平柿饼 甜蜜中国"短视频千万转发行动，动员公务人员、行业从业者以及富平籍人士为柿饼构思创作、为家乡产业代言转发。秦腔表演艺术家、中国戏剧"梅花奖"得主杨升娟倾情演唱《红红的柿子甜甜的果》。星光大道冠军歌手、富平籍王欣果将《我的家乡》带上央视。产业中许多平凡百姓的故事多次刷屏朋友圈，在微信、抖音等平台爆火，成为农产品区域公用品牌传播的典范。

（3）坚持多渠道发力。"富平柿饼 甜蜜中国"既是标语，也是产业文化。该标语登上了广告牌、公交车，登上了富平高速路口的两座巨型冷却塔，使其成为了富平新地标，全县洋溢着"干'柿'业，发'羊'财"的浓厚产业氛围。富平柿饼入围"2020果品区域公用品牌价值榜"，价值16.39亿元，排名第59位，位居中国水果区域公用品牌好感度第2名，"富平尖柿"和"富平柿饼"已成为中国柿子行业的金字招牌。2023年富平县与吉祥航空深度合作，一架"富平柿饼 甜蜜中国"号主题航班翱翔蓝天，往返海内外。

第二节　广西柿产业发展现状和发展趋势

广西柿产业在近年来取得了显著的成绩。恭城瑶族自治县是广西柿产业的重要区域之一。恭城瑶族自治县以乡村振兴改革集成试点为契机，坚持把月柿作为加快经济转型、推动富民强县的产业来抓，探索统一管理、统一加工、统一品牌、统一销售新路子，形成集种植、加工、销售和休闲旅游于一体的全产业链发展格局。全县柿子种植面积22万亩，产量72万t，小柿果发展成大产业，托起瑶乡村民致富梦。2021年，恭城瑶族自治县县长杨征山表示，在自治区的统筹领导下，恭城成功创建恭城月柿中国特色农产品优势区，建成了"中国柿子博览园"和"中国月柿博物馆"。2020年，全县柿子种植面积已达21.8万亩，其中绿色食品认证面积10万亩，预计2025年种植面积将达到30万亩。目前，全县已形成以月柿种植为核心，集生产、加工、销售、物流、旅游于一体的柿产业链条，脆柿、红柿、柿饼等加工产品，以及柿子醋、柿子酒、柿子汁等系列产品远销日本、东南亚及欧盟国家。

据了解，2021年，平乐县全县月柿种植面积已达13.72万亩，年产月柿鲜果45万多t，月柿产业成为促进该县国民经济发展和巩固拓展脱贫攻坚成果同乡村振兴有效衔接的新引擎。"月柿鲜果采摘和加工可持续4个月，从8月采摘期开始，到次年的3月，月柿饼的销售期可持续8个月。"平乐县柿饼协会会长莫福林介绍，"平均每年经平乐县柿饼交易市场汇集销往海内外的月柿饼有35万多t，年销售额30多亿元。"

2022年8月23日，国家柿种质资源圃负责人、西北农林科技大学园艺学院杨勇教授到广西植物组培苗有限公司考察指导。杨勇教授针对种植太秋甜柿、富有甜柿等品种应如何选择亲和的砧木、如何提高坐果率和花果期管理等问题进行深入探讨。2022年9月27日，广西植物组培苗有限公司联合广西尚律村农业经济发展专业合作社在河池市都安瑶族自治县拉烈镇举办太秋甜柿现场观摩会。国家柿种质资源圃、西北农林科技大学园艺学院科技团队与广西植物组培苗有限公司"三强联合"，通过引种、组培和优株筛选，已经拥有亲和性状稳定、适应性广的砧木种质资源，并掌握成熟的太秋甜柿种植栽培技术。

广西柿产业在未来将继续保持快速发展的势头。一方面，广西将继续推进柿子全产业链的高质量发展，包括提升种植技术、优化

河池市都安瑶族自治县拉烈镇太秋甜柿现场观摩会

品种结构、加强品牌建设和市场拓展等方面。同时，广西也将加强柿产业的科技创新和深加工开发，研发更多柿子深加工产品，提高产品附加值和市场竞争力。另一方面，广西还将推动柿产业与乡村旅游、文化产业的深度融合，打造柿子主题旅游线路和文化活动，吸引更多游客前来观光和体验，进一步促进柿产业的发展。

REFERENCES

参考文献

陈登文, 李鹤荣, 2007. 无公害柿子生产技术. 咸阳: 西北农林科技大学出版社.

陈善晓, 2004. 我国农产品营销模式与支持政策研究. 北京: 中国农业大学.

杜晓云, 于晓丽, 傅建敏, 等, 2021. 海阳甜柿无公害生产管理技术要点. 烟台果树 (4): 51-52.

冯义彬, 2002. 柿子高效优质栽培技术. 北方果树 (1): 29-31.

富平县人民政府, 2021. 中共富平县委 富平县人民政府全面推进尖柿产业高质量发展的实施意见. (2021-11-22)[2024-05-01].http://www.fuping.gov.cn/zfxxgk/zcwj/xzfwj/1660987146349219842.html.

高丽敏, 2014. 果园鸟害的防控方法. 农村百事通 (7): 38.

高志强, 2008. 安溪油柿柿饼加工工艺的研究. 福州: 福建农林大学.

龚榜初, 王仁梓, 杨勇, 2011. 柿优质丰产栽培实用技术. 北京: 中国林业出版社.

国务院办公厅, 2016. 国务院办公厅关于推进农村一二三产业融合发展的指导意见. (2016-01-04) [2024-05-01].https://www.gov.cn/zhengce/content/2016-01/04/content_10549.htm.

侯秋梅, 周艳, 杨朔, 等, 2024. 基于"三产"融合的农业产业生态化发展研究: 以贵州山地玫瑰(月季)产业为例. 热带农业科学, 44(2): 87-95.

胡青素, 龚榜初, 谢正成, 等, 2011. 去袋时期对"富有"柿果实品质的影响 [J]. 西北农林科技大学学报(自然科学版), 39(9): 138-144.

黄玉婷, 2022. 恭城县探索月柿"四统一"发展模式, 小柿果育成瑶乡致富大产业. (2022-08-05) [2024-05-01]. https://www.sohu.com/a/574505230_120077001.

姜道年, 李元瑞, 刁贵清, 1997. 转筒式柿饼揉捏机的设计与分析. 西北农业大学学报, 25(1): 75-79.

蒋品, 王荣敏, 2008. 果树冬季寒害的发生原因及对策. 河北果树 (6): 38.

冷平, 李宝, 张文, 等, 2003. 磨盘柿的二氧化碳脱涩技术研究. 中国农业科学, 36(11): 1333-1336

李昌全, 朱小云, 2003. 甜柿优质丰产大果栽培关键技术. 中国南方果树 (1): 47-48.

李玉奎, 2021. 阳丰甜柿精细修剪技术. 果农之友 (11): 19-21.

刘冬，李世敏，张家年，2001. 柿饼加工新工艺研究. 食品工业科技，22(2): 47-49.

刘素芳，2005. 用电热干燥法加工有机柿饼的技术. 落叶果树，3: 31-32.

柳娜，2007. 中国农产品品牌经营研究. 湘潭：湘潭大学.

罗正荣，2018. 国内外柿产业现状与发展趋势. 落叶果树，50(5): 1-4.

罗正荣，张青林，徐莉清，等，2019. 新中国果树科学研究70年：柿. 果树学报 (2): 1382-1388.

区振棠，1988. 果树的风害预防及管理. 上海农业科技 (4): 7-8.

石燕萍，江苏，杨正兴，等，1999. 柿饼加工新工艺初探. 广西园艺，28(2): 24-25.

苏依都古丽·阿布都卡得尔，2010. 果树自然灾害的预防. 农村科技 (6): 55.

孙赛英，2004. 农产品差异化竞争研究. 金华：浙江师范大学.

唐治锋，1998. 柿树优质丰产修剪技术. 甘肃农业科技 (5): 29-30.

汪景彦，2009. 苹果适宜负载定量生产法. 山西果树 (3): 55-56.

王立英，刘永居，王文江，2002. 柿果实生长发育及成熟机理研究进展. 河北农业大学学报 (z1): 115-117.

王龙，2013. 柿树保花保果及提高坐果率的技术措施. 落叶果树，45 (5): 20.

王仁梓，1995. 甜柿优质丰产栽培技术. 西安：世界图书出版社.

王仁梓，2009. 图说柿高效栽培关键技术. 北京：金盾出版社.

王维新，2011. 冰雹对果树的危害及其预防对策. 中国果菜 (10): 46.

吴明玲，2021. 陕西富平：柿业发展有甜头 乡村振兴有奔头. (2021-11-12) [2024-05-01]. https://new.qq.com/rain/a/20211112A0BOVN00.

肖甜甜，2011. 我国农产品营销模式研究. 武汉：华中师范大学.

许贵舫，2018. 推进农村三产深度融合发展. (2018-02-26)[2024-05-01].http:// theory.people.com.cn/n1/2018/0226/c40531-29835325.html.

杨勇，阮小凤，王仁梓，等，2005. 柿种质资源及育种研究进展. 西北林学院学报 (2): 133-137.

杨宗锦，2006. 我国农产品营销渠道优化研究. 湘潭：湘潭大学.

张峰，2021. 冰雹对果树造成的危害及应对措施. 现代农村科技 (7): 28.

张海生，陈锦屏，马耀岚，2004. 柿饼加工工艺的研究. 农产品加工 (4): 38-39.

张艳平，2004. 柿树丰产栽培技术要点. 河南农业科学，33(11): 93.

赵月春，2016. 果树寒害与防御技术. 中国园艺文摘，32(5): 205-206.

郑仲明，王乔，高新宇，2008. 磨盘柿标准化脱涩技术研究. 中国果树 (4): 12-14

钟华锋，黄国宏，杨春城，等，2007. HACCP在柿饼加工中的应用研究. 食品工程 (4): 51-52.